第2章 案例1

第2章 案例2

第2章 案例3

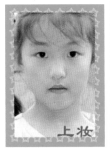

第2章 案例4

第2章 案例5

第2章 案例6

第2章 案例7

第2章 案例8

第2章 案例9

第3章 案例1

第3章 案例2

第3章 案例3

第3章 案例4

第4章 案例1

第4章 案例2

第4章 案例3

第4章 案例4

第4章 案例5

第5章 案例1

第 5 章 案例 2

第 5 章 案例 3

第 5 章 案例 4

第 5 章 案例 5

第 5 章 案例 6

第 6 章 案例 1

第 6 章 案例 2

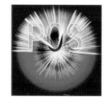

第 6 章 案例 3

第 6 章 案例 4

第 7 章 案例 1

第 7 章 案例 2

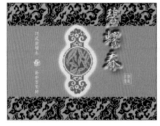

第 7 章 案例 3

第 7 章 案例 4

高等职业教育计算机类专业"十一五"规划教材

Photoshop CS 图像处理案例驱动型教程

曹月芹　朱美芳　张宏　编著

王志梅　主审

国防工业出版社

·北京·

内容简介

本书采用案例驱动的组织形式,通过 33 个教学中的经典案例,由浅入深、循序渐进地介绍了 Photoshop CS3 的知识与实际应用,书中每个案例基本贯穿"案例分析"—"技能知识"—"操作指南"—"案例小结"—"案例拓展"—"实训练习"的主线,符合从具体到抽象再到实际应用的认知规律。本书主要内容包括:Photoshop CS3 的基本知识与基本操作,工具的使用,文本处理与制作特效,文字、路径、通道、蒙版、图层等的应用,图像的色彩色调的调整以及滤镜的应用等。本书提供电子教案和素材库(包含书中所有图例),请发邮件至 xysong@ndip.cn 索取。

本书内容全面、结构清晰、实例丰富、可读性强,可作为高职院校和高等院校的计算机应用技术专业、平面设计、网页设计和影视广告制作专业学生和其他相关专业人员学习 Photoshop 知识的教材,也可作为各类 Photoshop 培训班及广大初、中级爱好者的学习参考书。

图书在版编目(CIP)数据

Photoshop CS 图像处理案例驱动型教程/曹月芹,朱美芳,张宏编著. 一北京:国防工业出版社,2009.1
高等职业教育计算机类专业"十一五"规划教材
ISBN 978-7-118-06023-2

Ⅰ.P... Ⅱ.①曹...②朱...③张... Ⅲ.图形软件,Photoshop CS3 – 高等学校:技术学校 – 教材
Ⅳ.TP391.41

中国版本图书馆 CIP 数据核字(2008)第 169678 号

※

国防工业出版社出版发行

(北京市海淀区紫竹院南路 23 号 邮政编码 100048)
天利华印刷装订有限公司印刷
新华书店经售

*

开本 787×1092 1/16 插页 1 印张 18¾ 字数 487 千字
2009 年 1 月第 1 版第 1 次印刷 印数 1—4000 册 定价 32.00 元

(本书如有印装错误,我社负责调换)

国防书店:(010)68428422 发行邮购:(010)68414474
发行传真:(010)68411535 发行业务:(010)68472764

前　言

Adobe 公司推出的 Photoshop 是一款功能强大、用户众多的图形图像处理软件,广泛用于平面设计、广告设计、数码摄影、出版印刷等诸多领域。

本书面向 Photoshop CS3 中文版的初、中级用户,采用由案例到理论,再由理论到实践的案例启发式讲述方法,通过 33 个经典案例由浅入深、循序渐进地全面介绍了 Photoshop CS3 中文版的主要功能与实际应用。通过学习,学会使用 Photoshop CS3 的各种创作工具并掌握 Photoshop CS3 中文版的创作技巧;通过几个综合案例的讲解,来启发用户尽情发挥想象力,充分展示每个人的艺术才能,创造出优秀的图像作品。在完成各个重点知识点的学习后,本书还提供适量的案例练习,让读者能够及时地巩固和运用所学的知识。

本书共分 7 章,具体内容结构安排如下。

第 1 章 Photoshop CS3 入门介绍。首先介绍 Photoshop CS3 的发展史,Photoshop CS3 的实际应用,Photoshop CS3 中文版的界面组成、工作环境及 Photoshop CS3 中相关的一些概念。

第 2 章 Photoshop CS3 基础知识介绍。本章通过在教学中的 9 个经典案例介绍了 Photoshop CS3 中工具箱中的工具使用方法,图层、路径的概念以及 Photoshop CS3 中常用的一些基本操作。

第 3 章 Photoshop CS3 图层的应用介绍,通过 4 个教学中经典案例的讲解,详细介绍了图层样式的实际应用与图层混合模式中常见的一些混合模式。

第 4 章 Photoshop CS3 蒙版与通道的应用介绍。本章通过 5 个蒙版与通道的案例讲解,介绍了蒙版与通道的概念、功能及艺术应用。

第 5 章 Photoshop CS3 图像的修饰介绍。本章通过 6 个案例讲解,介绍了图像色彩色调调整的各种功能,图像滤镜的各种艺术应用。

第 6 章 Photoshop CS3 文字特效应用介绍。通过 4 个最常用的特效字讲解,介绍了文字工具、格式化字符与段落、文字的扭曲等一些相关特效字的方法和技巧。

第 7 章 Photoshop CS3 综合案例的介绍。通过 4 个综合案例的讲解,引导读者根据需要进行有创意的图像设计。

本书的特色有以下几点。

(1) 全新的教材组织模式。本书针对传统的"理论—例题"的教材内容组织形式进行了教学改革,精选的案例覆盖了 Photoshop CS3 中所有相关知识技能,基本贯穿"案例分析"—"技能知识"—"操作指南"—"案例小结"—"实训练习"的形式组织每个案例内容,对于一些重点案例还在"案例小结"后增加了"案例拓展"环节,用于对该案例所涵盖的知识和技能进行引申和拓展。

(2) 理论与实际的强强联合。本书由工作在教学第一线的老师们与锐典国际文化传媒有限公司的员工联合编写。参与编写这本书的老师都是多年来一直从事这门课程教学的一线老师,他们总结了多年的教学经验,为这本书的合理编写起到了关键的作用,充分体现了当前高校"工学结合"的全新理念。在数码摄影应用方面,锐典国际文化传媒的摄影师给这本书提供了宝贵的实际应用经验;在作品设计创意方面,创意设计总监文君对这本书的创意设计起到了画龙点睛的作用。

(3) 技能知识的灵活应用。为了让读者能对技能知识合理应用,在绝大多数案例的后面都有一个针对案例技能练习的应用。

(4) 教材应用灵活。为了方便 Photoshop CS2 用户学习,在本书中对 Photoshop CS3 与 Photoshop CS2 有区别的相关内容进行了适当的讲解。

本书可作为高职院校和高等院校的计算机应用技术专业、平面设计、网页设计和影视广告制作专业学生和其他相关专业人员学习 Photoshop CS3 知识的教材,也可作为各类 Photoshop CS3 培训班及广大初、中级爱好者的学习参考书。本书提供电子教案和素材库(包含书中所有图例),请发邮件至 xysong@ndip.cn 索取。

本书第 1 章~第 6 章由曹月芹老师编写;第 7 章由朱美芳与张宏老师编写;王志梅老师主审。此外,锐典国际文化传媒公司的员工以及林来杰、刘向华、崔丽荣老师也参与了本书的策划和资料收集工作,在此表示衷心感谢。

但由于编写时间及水平有限,难免存在一些疏漏和不足。恳请各教学单位和读者在使用本教材时给予批评指正。所有意见和建议请通过信箱 cyq0916@126.com 与我们联系。

编者

目　录

第1章 Photoshop CS3 入门

本章学习要点

◆ 初步认识 Photoshop CS3。

◆ 熟悉 Photoshop CS3 的界面、图像窗口、工具箱、选项工具栏、控制面板。

◆ 理解 Photoshop CS3 的基本概念，点阵图与矢量图，颜色模式，图像的分辨率，文件格式等。

◆ 掌握 Photoshop CS3 文件的基本操作及其应用领域。

【案例 1】 认识 Photoshop CS3

本案例的目的是初步认识 Photoshop CS3，熟悉 Photoshop CS3 的界面，Photoshop CS3 的基本概念，了解 Photoshop CS3 的应用领域。

一、案例分析

本案例学习过程中主要注意以下几点：

(1) Photoshop CS3 的控制面板与 Photoshop CS2 的控制面板在窗口排列方式上不同。

(2) 在制作图像时，设置的模式、大小、分辨率等参数要根据实际的应用来确定。

(3) 图像的各文件格式与实际应用密切相关。

(4) 在调整图像大小时，要根据实际的应用确定方案。

二、技能知识

本案例主要介绍 Photoshop CS3 软件的简介、应用领域、界面介绍等知识。

1. Photoshop CS3 简介

Photoshop 是一款能让工作变得更轻松、生活变得更精彩的图像处理软件。Adobe Photoshop 由 Adobe 公司 1990 年首次推出，1994 年以后，随着 Adobe 公司的快速发展，Photoshop 软件的自身功能也在不断地完善，先后经历了多个版本，到目前已经是 Photoshop CS3 版本。随着版本的不断升级，Photoshop 的功能也在不断地增加，不断地完美。不仅仅在专业的设计领域，在其他任何与图像处理相关的地方，都可以应用其强大的功能。

2. Photoshop CS3 应用领域

Photoshop 是目前功能最强大、用户使用最多的图像处理软件。它提供了色彩调整、图像修饰和各式滤镜效果等功能，用户可以将扫描的照片文件和各种图像处理成所需要的效果。

对图像设计专业人员来说，Photoshop 可以用来进行平面设计、网页设计、三维效果图制作、后期合成、婚纱摄影、商业插画设计、数码摄影、出片打样、界面设计等。对一些从事文秘、文案撰写、商业策划类工作的人，通过学习并应用此软件做一些优秀的排版图片，能够让他们的工作锦上添花，工作质量更上一层楼。除此之外，人们也可以学习 Photoshop 为家人制作简单的电子卡片，给照片做适当的修饰处理，甚至建立别致而适合自己的个人主页、BLOG，而不用再去重复使用那些网站上提供的千篇一律的模板等。

3. Photoshop CS3 界面介绍

在启动 Photoshop CS3 后，进入 Photoshop CS3 的界面，执行"文件"|"打开"命令，打开一幅图像后，出现如图 1.1.1 所示的工作界面。

图 1.1.1　Photoshop CS3 的工作界面

1) 图像窗口

每打开一幅图像都会弹出一个图像编辑窗口，除了 Windows 的基本窗口外，在窗口的标题栏上还有图像的相关信息，如图像的名称、显示比例、目前所在的图层、所使用的颜色模式等，效果如图 1.1.2 所示。

2) 工具箱

对于一些常用的基本编辑工具，Photoshop CS3 将它们集中在工具箱内，如图 1.1.3 所示，其中有选框、移动、裁切和颜色设置等工具。使用这些工具时，只要在需要使用的工具上单击鼠标左键即可。在一些工具的右下角有一个小三角"◢"，如图 1.1.4 所示，表示这个工具存在一个工具组，要选择工具组中的其他工具，用鼠标左键按住小三角不放或右键单击小三角，则工具组中的其他工具全部显示，选择所需要的工具即可。

使用技巧：若打开图像的文件界面看不到工具箱，则执行"窗口"|"工具"命令即可。

---

3) 选项工具栏

选项工具栏显示与当前所使用工具相关的设置参数，在此可以调整工具的相关属性。图 1.1.5 所示为矩形选框工具的选项工具栏。

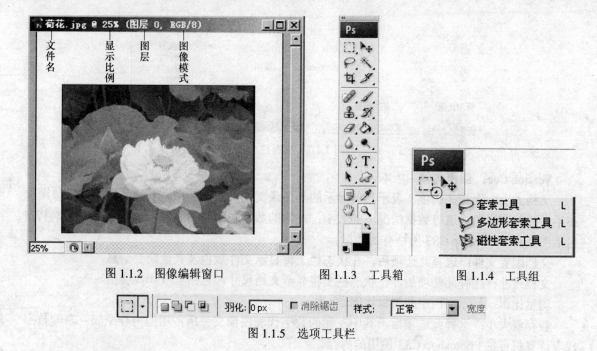

图 1.1.2　图像编辑窗口　　　　图 1.1.3　工具箱　　　图 1.1.4　工具组

图 1.1.5　选项工具栏

4) 控制面板

控制面板是 Photoshop CS3 中一项很有特色的工具，用户可利用控制面板设置参数、选择颜色、编辑图像、显示信息等，如图 1.1.6 所示。每个控制面板在功能上都是独立的，用户可以根据需要随时使用。当启动 Photoshop CS3 后，它们就被分成几组排列于工作界面的右边，用户可以随时打开、关闭、移动和组合它们。方法是执行"窗口"主菜单下的相关子菜单。

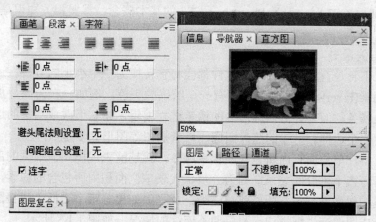

图 1.1.6　控制面板

注意： 在 Photoshop CS2 与 Photoshop CS3 中，窗口的菜单有所不同，Photoshop CS3 增加了一些"仿制源"功能。

5) 状态栏

状态栏位于窗口最底部，它由三部分组成，效果如图 1.1.7 所示。其中，最左边图像编辑窗口的显示比例，用户可以在给定窗口中输入数值后按"Enter"键来改变显示比例；中间区域用于显示图像文件信息，单击其右侧的小三角形符号▶，可以打开各选项，选择显示中的选项，则可查看图像的文件信息。各选项代表的意义如下。

图 1.1.7　状态栏

Version Cue：创作文件的版本。

文档大小：选择此选项，表示当前显示的是图像文件大小。其中，右边的数字表示该图像在不含任何图层和通道等数据情况下的大小；左侧的数字表示当前图像的全部文件大小，其中包括图层和 Photoshop CS3 所特有的数据。

文档配置文件：选择此选项后，在状态栏上将显示文件颜色及其他简要信息。

文档尺寸：选择此选项后，在状态栏上将显示文档尺寸，包括宽度和高度值。

测量比例：显示文档中的测量比例。

暂存盘大小：选择此选项后，其中左侧的数字代表图像文件所占用的内存空间；右侧数字代表计算机可供 Photoshop CS3 使用的内存。

效率：选择此选项后，其中的百分数代表 Photoshop CS3 的工作效率。如果该数值经常低于 60%，则表示计算机硬盘可能已无法满足要求。

计时：选择此选项，表示执行上一次操作所花费的时间。

当前工具：表示当前选中的工具。

32 位曝光：表示曝光只在 32 位时起作用。

4. Photoshop CS3 基本概念

学习 Photoshop CS3 时，熟悉 Photoshop CS3 的基本概念，掌握相关知识是学习 Photoshop CS3 的关键。

1) 点阵图与矢量图

在点阵图上不管是直线还是圆形，软件都会将它转换为一个小小的方格。通常把每个小方格称为像素或图素(Pixel)，而每个像素都有一个明确的颜色。例如，在为图片加边框的时候，并不是真的加上线条，而是针对四周边缘的像素进行编辑，将它们改成指定的边框颜色，这样就可以赋予图片一个边框。一般的照片图像、风景插图等图形大多是点阵图。

在整张图片中，单位面积内所包含的像素越多，就越能表现出图像细微的部分。其中，分辨率和点阵图有着密不可分的关系，因为分辨率代表单位面积内所包含的像素，当分辨率越高时，单位面积里的像素就越多，图像就越清晰；反之，如果分辨率太低，或将图像显示比例放得过大，就会造成图像产生锯齿边缘和色调不连续的情况，如图 1.1.8 所示。

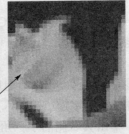

图 1.1.8　锯齿效果

一般而言，点阵图都是通过扫描仪或者数码相机得到的图片。由于点阵图是由一连串排列的像素组合，它并不是独立的图形对象，所以不能个别地编辑图像中的对象。如果要编辑其中部分区域的图像。就必须精确地选取需要编辑的像素，然后再进行编辑。

　　点阵图是利用许多颜色以及颜色间的差异来表现图像的，因此它可以很细致地表现出色彩的差异性。

　　矢量图是由点、线或者文字组成，其中每个对象都是独立的个体，它们都有各自的色彩形状、尺寸和位置坐标等属性。在矢量编辑软件中，可以任意改变每个对象的属性，而不会影响到其他的对象。然而，矢量图和分辨率的关系不是那么密切，因为物体在图形上的大小，完全依据物体的属性来计算，因此，无论在何种显示模式下，它都不会受到分辨率的影响，即使将图像放大到相当高的倍数，图像依然不会失真。

　　点阵图与矢量图的区别是：点阵图编辑的对象是像素，而矢量图编辑的对象是记录颜色、形状位置等物体的属性。

　　2) 颜色深度

　　颜色深度用来度量图像中有多少颜色信息可用于显示或打印像素，其单位是"位(bit)"，所以，颜色深度有时也称为深度。常用的深度是 1 位、8 位、24 位和 32 位。1 位有两个可能的值：0 或 1。较大的颜色深度(像素信息的位多)意味着数字图像具有较多的可用颜色和较精确的颜色信息。一个 1 位的图像包含 2 种颜色，所以，1 位的图像最多可由 2 种颜色组成。在 1 位图像中每个像素的颜色只能是黑或白，一个 8 位的图像包含有 2^8 种颜色，或 256 级灰阶。

　　3) 颜色模式

　　颜色模式决定用于显示和打印图像的颜色模型(简单地说颜色模型是用于表现颜色的一种数学算法)。Photoshop CS3 的颜色模式以用于描述和重现色彩的颜色模型为基础。常见的颜色模型包括 HSB(H—色相、S—饱和度、B—亮度)，RGB(R—红色、G—绿色、B—蓝色)，CMYK(C—青色、M—洋红色、Y—黄色、K—黑色)和 CIEL*a*b*。常见的颜色模式包括 RGB 模式、CMYK 模式、灰度(Grayscale)模式、Lab 模式、位图(Bitmap)模式、双色调(Doutone)模式、索引颜色(Index Color)模式、多通道(Multichannel)模式、8 位/通道模式和 16 位/通道模式。

　　(1) RGB 模式。RGB 模式的颜色是由红色、绿色和蓝色 3 种基色构成,计算机也正是通过调和这 3 种颜色,来表现其他的成千上万种颜色。

　　Photoshop 中最小单位是像素，每个像素的颜色都可以通过调配基色来完成，合并在一起就是一幅鲜艳的图像，通过改变每个像素点上每个基色的亮度，就可以实现不同的颜色。3 种颜色组合的原理如图 1.1.9 所示。

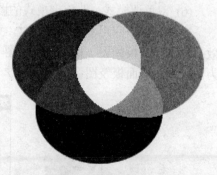

图 1.1.9　RGB 颜色原理

　　(2) CMYK 模式。CMYK 模式是以 C(青色)、M(洋红)、Y(黄色)、K(黑)4 种颜色为基色，其中青色、洋红和黄色 3 种色素能够合成吸收所有颜色并产生黑色，因此，CMYK 模式也被称为减色模式。

　　CMYK 模式是用于出片印刷的图像模式，以打印在纸张上油墨的光线吸收特征为基础，当白光照射到半透明油墨上时，部分光谱被吸收，部分被反射。在 Photoshop CS3 模式中，每个像素的每种印刷油墨会被分配一个百分比值。百分比值越小表示基色印刷油墨越浅，所得到的颜色就偏亮。

通常情况下，显示器是 RGB 色彩模式，当导出图片放在网上或者把图片保存到计算机中时，就需要设置为 RGB 色彩模式。所有不需要进行印刷的图片都将它保存成 RGB 色彩模式，因为相对于 CMYK 而言，RGB 色彩模式的色彩丰富，更能表现图像细节。

(3) 灰度模式。灰度模式的图像使用 256 级的灰色来模拟颜色的层次。图像的每个像素都有一个 0～255 的亮度值。将彩色图像转换成灰度图像时，Photoshop CS3 会删除原图像中的所有的颜色信息，被转换的像素用灰度级还原像素的亮度。

(4) Lab 模式。Lab 颜色由亮度(或光度)分量(L)和两个色度分量组成。这两个色度分量即 a 分量(从绿到红)和 b 分量(从蓝到黄)。

Lab 颜色与设备无关，所以，它是 Photoshop CS3 在不同颜色模式之间转换时使用的内部颜色模式。

(5) 位图模式。位图模式的图像也叫黑白图像或 1 位图像，位图模式下，图像颜色只有 1 位深度，即只有黑色和白色，因此图像的细节比较粗糙，但文件所占用的磁盘空间最少。

只有灰度模式的图像才能直接转换为位图模式。转换效果如图 1.1.10 所示。

图 1.1.10　RGB 转换为位图模式

(6) 双色调模式。双色调模式的图像只用两种颜色来表现。

当同一图像应用双色调模式时，可以将图像设置 1 种～4 种彩色油墨的有色彩的图像，其效果与选项面板如图 1.1.11 所示，图 1.1.12 所示为三色调模式面板及图像效果，图 1.1.13 所示为四色调模式面板及图像效果。

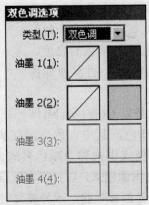

图 1.1.11　双色调模式面板及图像效果

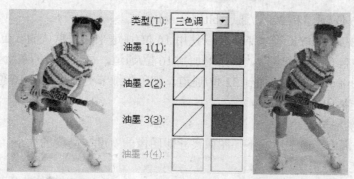

图 1.1.12　三色调模式面板及图像效果

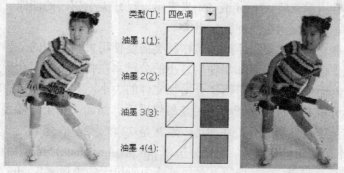

图 1.1.13　四色调模式面板及图像效果

(7) 索引颜色模式。索引颜色模式下，使用 256 种颜色来表现单通道图像(8 位/深度)，因此只能对图像进行有限的编辑。当将一幅其他模式的图像转换为索引颜色模式时，Photoshop 会构建一个颜色查照表(CLUT)以存入并索引图像中的颜色。如果原图像中的一种颜色没有出现在查照表中，Photoshop CS3 会选取已有颜色中最相近的颜色或使用已有颜色模拟这种颜色。操作过程步骤如下。

选择"图像"｜"模式"｜"灰度"命令，在弹出提示对话框中单击"确定"即可。

选择"图像"｜"模式"｜"索引颜色"命令，将图像转换成索引颜色模式。

选择"图像"｜"模式"｜"颜色表"命令，在弹出提示对话框图 1.1.14 中，选择相应的颜色表，来定义生成的索引颜色模式的图像的效果。

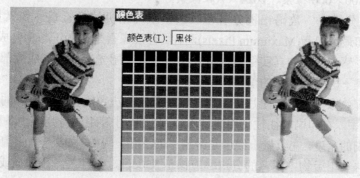

图 1.1.14　颜色表及效果

(8) 多通道(Multichannel)模式。多通道模式对于有特殊打印要求的图像非常有用。例如，如果图像中只使用了 1 种～3 种颜色时，使用多通道模式可以减少印刷成本并保证图像颜色的正确输出。

8 位/通道、16 位/通道和 32 位/通道(bit/channel)模式。

在灰度、RGB 或 CMYK 模式下，可以使用 16 位/通道来代替默认的 8 位/通道。根据默认情况，8 位/通道中包含 256 个灰阶，如果增加到 16 位/通道，每个通道的灰阶数为 65536，这样能得到更多的色彩细节，如果增加到 32 位/通道，则色彩细节更细，目前 16 位/通道与 32 位/通道模式的图像不能被印刷。

4) 图像的分辨率与尺寸

(1) 图像的分辨率。通常情况下，图像尺寸即图像的宽度与高度的大小，在 Photoshop CS3 中，图像的大小还与分辨率相关。

Photoshop CS3 中的图像是由像素组成的位图，而"分辨率"指的是单位长度中所表达可采取的像素数目，通常用像素/英寸(ppi 或 dpi)来表示。尺寸大小相同的图像，分辨率越高表示其所包含的像素越多，图像显示会更细腻。

理解分辨率的概念非常重要。不同的工作种类需要使用大小不同的分辨率，因此工作过程中必须要适当地把握倍率的大小。如果使用过小的分辨率在打印图像时会导致输出的图像显示出粗糙的像素效果，而使用太大的分辨率会增加文件的大小，并降低图像的输出速度。

要确定图像的分辨率，首先必须考虑的是最终用途。例如，对于只需要显示在屏幕上观看的图像，只需要满足屏幕显示的分辨率即可，通常是 72 像素或 96 像素。

① 图像分辨率与打印机分辨率。图像分辨率 ppi(pixel per inch)与打印机分辨率 dpi(dots per inch)都可以用来度量分辨率。ppi 指的是在每英寸中所包含的"像素"。dpi 指的是在每英寸中所表达出的"打印点数"，大多数用户都是以打印出来的单位来度量图像的分辨率。因此，通常都以 dpi 作为分辨率的度量单位。

例如，有一个图像的分辨率为 100dpi，大小为 1800×1000 像素，这表示打印时，每一英寸图像要用 100 个点表示，所以打印出来的图像尺寸大约是 18 英寸×10 英寸的大小。

如果通过图像处理软件把它的分辨率提高到 200dpi，但物理尺寸不变，这样将图像打印出来，由于 1 英寸用 200 个点来表现，所以打印出来的物理尺寸只有 9 英寸×5 英寸大小，是原本尺寸的 1/4，但由于打印时单位面积的墨点数目提高了，因此打印出来的图像也更加细腻了。

所以，从打印设备的角度而言，图像的分辨率越高，打印出来的图像质量也就越细腻真实。

② 屏幕分辨率。屏幕分辨率就是 Windows 桌面分辨率的大小。屏幕分辨率常见的设定有 640×480 像素、800×600 像素、1024×768 像素等。

③ 数码相机分辨率。数码相机分辨率取决于数码相机的像素量，像素量包括有效像素(Effective Pixels)和最大像素(Maximum Pixels)两种。有效像素是指真正与感光成像的像素值，这个数据通常包含了感光器件的真实像素，最大像素包含了感光器件的非成像部分，而有效像素是在镜头变焦倍率下所换算出来的值。

数码相机的有效像素是决定图片质量的关键，此数值决定所拍摄的照片的最终打印尺寸。

④ 印刷分辨率。在印刷时往往使用线屏(lpi，以每英寸等距离排列多少条网线表示)而不是分辨率来定义印刷的精度，在数量上线屏是分辨率的 2 倍。例如，如果一个出版物在线屏 175lpi 进行印刷，则意味着出版物中图像的分辨率应该是 350dpi。换言之，在扫描或制作图像时应该将分辨率定为 350dpi 或者更高一些。

注意：分辨率并不是越大越好，而应该以够用为原则。例如，普通印刷用的图像的分辨率根据要求 350dpi 即可，即使图像的倍率再高，对于印刷机也不能够印刷出更加精细的效果，因此把握够用原则很重要。

⑤ 扫描仪分辨率。扫描仪分辨率标定了扫描仪辨别图像的细节的能力，分辨率为 1200dpi

的扫描仪，可以在每英寸内清楚地分辨出 1200 个像素。

　　扫描仪分辨率有光学分辨率及软件分辨率之分。其中，软件分辨率使用的是数学上的外插运算法，放大既有的扫描影像，实际上对提升图像品质的作用并不大。

　　光学分辨率才是扫描仪真正的扫描能力，扫描仪的分辨率根据扫描文件的不同可以有所调整。例如，扫描印刷品可以设定为 600dpi，再进行去网点、缩小尺寸的处理。扫描照片时可以使用 300pdi 的设定，再进行调正、缩小的处理。扫描时原稿的质量也是影响图像清晰度的一个很重要因素，如果原稿的品质很精致，扫描仪的光学分辨率也较高，则可以得到较好的图像。相反，使用粗糙模糊的原稿，即使提高扫描分辨率也不会得到很满意的效果。

　　(2) 图像尺寸。图像尺寸是在创建时所设置的，在图像的编辑过程中可以根据需要调整它们的大小，但在调整图像大小时一定要注意文档宽度、高度值与分辨率的关系，否则改变大小后的图像效果、质量也会发生变化。

　　修改图像尺寸通常存在以下两种情况。

　　① 在像素总量不变的情况下改变图像的物理尺寸，如图 1.1.15 所示。在对话框的"宽度"或"高度"两个数值输入框中输入小于原值的数值，以降低图像的尺寸，此时图像的分辨率值自动增大；反之，图像的分辨率值自动减小。但这样操作不会影响图像的像素总量，因此，对话框上方的"像素大小"数值不会变化。

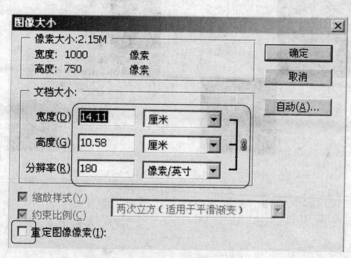

图 1.1.15　改变尺寸

　　② 在像素总量变化的情况下改变图像的物理尺寸，如图 1.1.16 所示。

　　在任何一个输入框中输入数据，都会改变对话框上方的"像素大小"的数值。

　　(3) 图像的插值。从数学角度说，插值是在离散数据之间补充一些数据，使这组离散数据符合某个连续函数。如果在 2 与 3 之间取一个数，我们很可能选 3；如果混合红色与蓝色，就得到一个紫色，这种在两件事物之间进行估计的数学方法就是插值。如果将原来 2 个像素大小的图像提高到 6 个像素大小的图像，则效果如图 1.1.17 所示。如果在创建文件时文件尺寸较小，在完稿后通过调大文件的分辨率来提高图像的打印尺寸，则得到图像的效果一定没有变化前清晰。

　　Photoshop 提供了 5 种插值运算方法，其中"两次立方"是最通用的一种，其他插值方法也各有其不同的特点。

　　① 邻近(保留硬边缘)：此方法适用于有矢量化特征的位图图像。

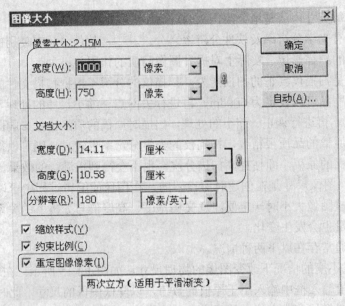

图 1.1.16　改变总像素

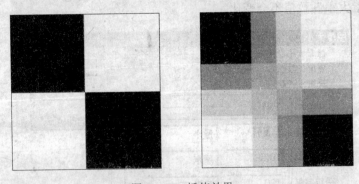

图 1.1.17　插值效果

②　两次线性：适用于要求速度不太注重运算后质量的图像。

③　两次立方(适用于平滑渐变)：最通用的一种运算方法，在对其他方法不够了解的情况下，最好选择此种运算方法。

④　两次立方较平滑(适用于扩大)：适用于放大图像时使用的一种插值运算算法。

⑤　两次立方较锐利(适用于缩小)：适用于缩小图像时使用的一种插值运算算法，但有时可能会使缩小后的图像过锐。

5) Photoshop 常用文件格式

(1) Photoshop 格式(*.PSD、*.PDD)。PSD、PDD 格式是 Photoshop 专用的文件格式，也是新建文件时默认的存储文件类型。这种文件格式不仅支持所有格式，还能将调整图层、参考线以及 Alpha 通道等属性信息一起存储。

如果以旧版的 Photoshop 打开新版的 PSD 格式的文件，那么有些新功能的信息会被自动舍弃。

(2) BMP 格式(*.BMP、*.RLE)。BMP 格式是 Windows 中"小画家"的文件格式，此格式兼容了大多数 Windows 和 OS/2 平台的应用程序。在存储时，除了具有压缩功能以外，还可以存储 1 位~24 位的 RGB 颜色阶数。以 BMP 格式存储时，系统使用 RLE 压缩格式，这种格式不但可以节省空间，而且不会破坏图像的细节，唯一的缺点就是存储以及打开时的速度比较慢。

BMP 格式支持 RGB、"索引"、"灰度"以及"位图"等颜色模式，但无法支持含有 Alpha

通道的图像信息。

(3) Photoshop EPS 格式(*.EPS)。Photoshop EPS 格式是最广泛地被矢量绘图软件和排版软件所接受的格式，如果用户要将图像置入 CorelDraw、Illustrator、PageMaker 等软件中，就可以将图像存储成 Photoshop EPS 格式。若图像是"位图"模式，在存储 Photoshop EPS 格式时，还可以将图像中像素设置为透明效果。

EPS 格式支持 Lab、CMYK、RGB、"索引"、"双色调"、"灰度"与"位图"等颜色模式以及去除背景功能，但是它不支持 Alpha 通道。

(4) Photoshop PDF 格式(*.PDF)。Photoshop PDF 格式是由 Adobe 公司推出的专为网上出版而制定的，它可以覆盖矢量式图像和点阵式图像，并且支持超链接。

PDF 格式是由 Adobe Acrobat 软件生成的文件格式，该格式可以保存多页信息，其中包含图形和文本。此外，该格式还支持超链接，因此，它是网络下载时经常使用的文件格式。

PDF 格式支持 Lab、CMYK、RGB、"索引"、"灰度"与"位图"等颜色模式，但是它不支持 Alpha 通道。

(5) PICT 文件格式(*.PCT、*.PIC)。PICT 文件格式普遍应用于 Macintosh 系统的绘图软件与排版软件上。这种文件格式对于面积较大的色块具有极佳的压缩效果，适合存储 RGB 模式或"灰度"模式的图像。

(6) Targa 格式(*.PCT、*.VDA、*.ICB、*.VST)。Targa 格式是专为 Truevision 显示系统所使用的图片格式，在 PC 中就有非常多的色彩应用软件和显示方面的应用程序支持 Targa 格式。

该格式支持含一个单独 Alpha 通道的 32 位 RGB 模式图像和不含 Alpha 通道的"索引颜色"模式、"灰度"模式、16 位和 24 位 RGB 模式图像。用该格式保存文件时，可以选择颜色深度。

(7) TIFF 格式(*.TIF)。TIFF 格式一般应用于不同的平台以及不同的应用软件上，在图像打印规格上受到广泛支持。在存储时，它不仅可以选择应用平台(Macintosh IBM 个人计算机)，也可以选择 LAW 的压缩运算方式。

TIFF 格式支持含一个单独 Alpha 通道的 RGB、CMYK、"灰度"模式等图像，以及不含 Alpha 通道的"Lab 颜色"、"灰度"以及"位图"模式等图像。此外，在应用上，TIFF 也可以设置为透明背景的效果。

(8) GIF 格式。GIF 格式最多只能存储 256 色的 RGB 颜色级数，因此，文件容量比其他格式的要小，适合应用在网络图片的传输。由于它最多只能存储 256 色，所以在存储之前，必须将图片的模式转换为"位图"、"灰度"或者"索引"等模式，否则无法存储。在存储时，GIF 采用两种存储格式：一种为 CompuServe GIF，该格式可以支持 Interlace 存储格式，让图像在显示时展现由模糊逐渐清晰的效果；另一种格式为 GIF 89a Export。除了支持上述特性外，也支持透明背景以及动画格式。

(9) JPEG 格式。JPEG 是一种压缩效果很高的存储格式，它和 GIF 格式的区别在于 JPEG 采用具有破坏性的 JPEG 压缩方式，而且可以处理 RGB 模式下的色彩信息。在存储的过程中，还可以决定压缩等级，如果选择高压缩的方式，则图像的质量会降低；而选择低压缩的方式，则会使图像的质量接近原来的图像。

JPEG 格式支持 CMYK、RGB、"灰度"等颜色模式，但不支持含 Alpha 通道的图像信息。

(10) PNG 格式。PNG 格式可以说是被寄予厚望的明日之星，它结合了 GIF 和 JPEG 的特点，不但可以用破坏较小的压缩方式，而且可以制作出透明背景的效果。PNG 格式不但支持含一个单独 Alpha 通道 RGB 与"灰度"模式图像，而且支持不含通道的"索引颜色"模式和"位图"模式的图像。

三、操作指南

(1) Photoshop CS3 启动。在任务栏"开始"|"所有程序"中执行"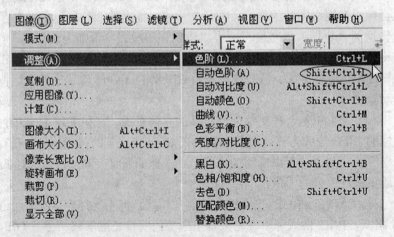 Adobe Photoshop CS3"命令。

(2) 打开图像。执行"文件"|"打开…"命令，在"打开…"对话框中选择要打开图像的文件名。

(3) 保存图像。执行"文件"|"存储"命令。

(4) 另存图像。如果对编辑好的图像要以另外一个文件名进行存储，则执行"文件"|"存储为…"命令，选择合适的文件格式。

(5) 新建文件。执行"文件"|"新建…"命令，在"新建…"对话框中输入新建的图像的文件名。

> 使用技巧：双击 Photoshop 操作的空白处，可以直接调出"打开"的对话框。按"Ctrl+O"
> 也可以直接"打开"对话框。

四、案例小结

通过本案例的学习，对 Photoshop CS3 应用领域有所了解，熟悉 Photoshop CS3 的界面，掌握 Photoshop CS3 的基本概念。

五、案例拓展

本案例中介绍了 Photoshop CS3 中基本常识，对于一个 Photoshop CS3 初学者来说，在进行操作的过程中，适当地学会使用 Photoshop CS3 的快捷键会使设计更加方便快捷。介绍如何从 Photoshop CS3 软件本身来认识和熟悉快捷键。

方法一：使用现成的 Photoshop CS3 快捷键，Photoshop CS3 的菜单快捷键在其菜单中有所显示。打开菜单栏，出现如图 1.1.18 所示对话框，则其菜单项后面就是对应的快捷菜单。例如，选择"自动色阶"的快捷键、打开"图像"|"调整"|"自动色阶"，会看到"自动色阶"一行的右边有"Shift+Ctrl+L"（"自动色阶"一栏后面的椭圆框所示）。

图 1.1.18 菜单快捷键

方法二：执行“编辑”|“键盘快捷键…”命令，打开如图 1.1.19 所示的对话框。

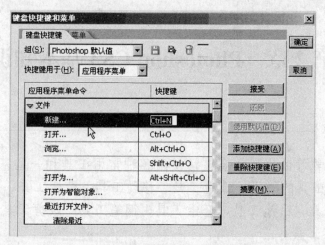

图 1.1.19　PhotoshopCS3 快捷菜单

在图 1.1.19 中单击按钮“摘要”，则出现如图 1.1.20 所示的对话框，单击“保存”按钮，则系统将弹出“Photoshop CS3 键盘快捷键”，如图 1.1.21 所示 Photoshop CS3 里面的所有快捷键全在里面，一览无余。

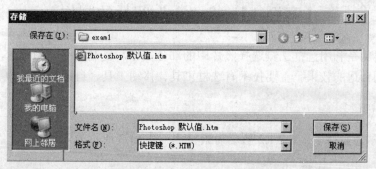

图 1.1.20　快捷键存储对话框

Adobe® Photoshop® CS3 键盘快捷键

应用程序菜单

命令	快捷键
文件	
新建...	Ctrl+N
打开...	Ctrl+O
浏览...	Alt+Ctrl+O Shift+Ctrl+O
打开为...	Alt+Shift+Ctrl+O
打开为智能对象...	
最近打开文件>	
清除最近	
Device Central...	
关闭	Ctrl+W

图 1.1.21　菜单快捷文件

六、实训练习

(1) 试述 Photoshop 共支持哪几种文件格式，各文件格式有何特点？

(2) 新建大小为 640×480 像素的图像，文件名为“实训”，分辨率为 72 像素/英寸，图像的模式为 RGB 模式，背景为白色的图像。

第 2 章 Photoshop CS3 基本知识

┤本章学习要点├

◆ 本章主要学习目的是学会灵活使用各种常用工具和一些基本操作。
◆ 掌握基本工具的使用：选框工具、移动工具、魔棒工具、油漆桶工具、渐变工具、画笔工具、铅笔工具、套索工具、钢笔工具、裁剪工具、模糊工具、锐化工具、橡皮擦工具等。
◆ 理解基本概念：图层概念、路径的概念。
◆ 熟悉基本操作：自由变换、描边、图层操作、画布操作、颜色的选取。

【案例1】 换"心"照片的制作

本案例的目的是利用选框工具选择照片中的部分图像，复制到另一图像上，调整复制图像的大小与位置到合适的效果。主要技术有选框工具、移动工具、自由变换等。

一、案例分析

图 2.1.1 所示为素材 1，图 2.1.2 所示为素材 2，图 2.1.3 所示为效果图。

 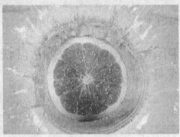 

图 2.1.1 素材 1   图 2.1.2 素材 2   图 2.1.3 效果图

在本案例的制作过程中，主要注意以下几个环节。
(1) 在利用椭圆选框工具选择照片时，要选择适当的羽化值。
(2) 使用"编辑"菜单下的"复制"与"粘贴"实现不同图像文件之间对选区图像进行复制。
(3) 利用"编辑"菜单下的"自由变换"功能，调整图像大小时要约束比例。

二、技能知识

本案例主要介绍选框工具、图像移动工具、图像复制、图像的大小变换等知识。

1. 选框工具

在Photoshop CS3的工具箱中提供了4种几何形状的选框工具。如图2.1.4所示。

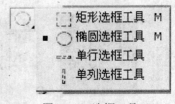

图 2.1.4　选框工具

1) 矩形选框工具

选取工具箱中的矩形选框工具█，用户可以定义矩形选区来进行框选。在矩形选框工具属性栏中，用户还可以对选区进行进一步的设置，参数如图2.1.5所示。

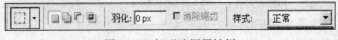

图 2.1.5　矩形选框属性栏

(1) 选区修改方式。在属性栏中有 4 种选区修改方式：新选区、添加到选区、从选区中减去、与选区交叉。

① 新选区█：去掉旧的区域，选择新的区域。

② 添加到选区█：在旧的选择区域的基础上，增加新的选择区域，图 2.1.6(a)显示了两个选区，在选择添加到选区后形成最终的选择区，效果如图 2.1.6(b)所示。

③ 从选区中减去█：在旧的选择区域中，减去新的选择区域与旧的选择区域相交的部分，形成最终的选择区，效果如图 2.1.6(c)所示。

④ 与选区交叉█：新的选择区域与旧的选择区域相交的部分为最终的选择区域，效果如图 2.1.6(d)所示。

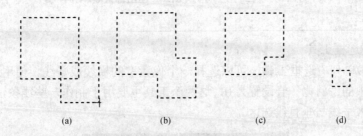

　(a)　　　　　　　(b)　　　　　　　(c)　　　　　　(d)

图 2.1.6　选区的修改方式

(a) 两个选区；(b) 添加到选区；(c) 从选区中减去；(d) 与选区交叉。

> ☝使用技巧：若同时按住"Shift"键，则可以创建正方形选区；若同时按住"Alt"键，则可以创建一个以起点为中心的矩形选区；若同时按住"Shift+Alt"组合键，则可以创建以起点为中心的正方形选区。

(2) 羽化。羽化可以消除选择区域的正常硬变边界对其柔化，也就是使边界产生一个过渡段，其取值在 2 像素 255 像素之间，如图 2.1.7 所示。

注意：羽化效果与图像的大小有关系，同一个羽化值对于不同大小的图像，其视觉效果不一样。

(3) 样式。在样式下拉列表框中，有如图 2.1.8 所示的 3 种样式。

① 正常：默认的选择方式，也最为常用。可以用鼠标拉出任意矩形。

② 约束长宽比"样式：**固定比例** 宽度：1 ⇄ 高度：1 "：可以任意设定矩形的宽高比。只需在样式中选择"固定比例"，在宽与高中输入相应的数字。默认值为1∶1。

图 2.1.7　不同羽化值效果　　　　　　　　　　　　图 2.1.8　选框样式

③ 固定大小 "样式：　固定大小 ▼ 宽度：64 px ⇄ 高度：64 px"：在这种方式下可以通过输入宽和高的数值来精确确定矩形的大小。在宽与高中输入即可，系统默认为 64×64 像素。

2) 椭圆选框工具

选取工具箱中的椭圆选框工具 ○，用户可以定义出圆形或椭圆的选区。其操作方法与矩形选框工具一样。椭圆工具的选项与矩形工具类似，所不同的就是增加一个 "消除锯齿" 按钮。

消除锯齿：通过软化边缘像素与背景像素之间的颜色过渡效果，使选区的锯齿边缘平滑。由于只有边缘像素发生变化，因此不会丢失细节。消除锯齿的剪切、复制和粘贴选区以创建复合图像时非常有用。"消除锯齿" 功能同样适用于后面的多个工具。

> 使用技巧：若同时按住 "Shift" 键，则可以创建圆形选区；若同时按住 "Alt" 键，则可以创建一个以起点为中心的椭圆形选区；若同时按住 "Shift+Alt" 组合键，则可以创建以起点为中心的圆形选区。

3) 单行/单列选框工具

利用单行 ⸗/单列 选框工具，可以选择一个像素宽的横线或竖线。使用这两个工具时必须将工具属性栏中的 "羽化" 值设置为 0，这两个工具主要用于制作一些线条，图 2.1.9 所示为分别制作了多个水平线与垂直线选区。

图 2.1.9　多个单行与单列选区

> 使用技巧：按住 "Ctrl+D" 组合键，则可以取消选区。

2. 移动工具

移动工具 ▸⊕ 的作用就是在进行图像处理的过程中，用来移动被选图层和参考线。如果没有在图层或 Alpha 通道里制作选区，移动就会被施加到整个图层或通道里有像素信息的任何区域。移动工具的使用比较简单，用鼠标单击工具 ▸⊕，在图像中拖动鼠标，如果有像素被选中，这些像素就会被移动到新的位置。

3. 自由变换

在图像处理过程中,对于一个通过复制等得到的新的图像通常要调整其大小,这就需要用"编辑"主菜单下的"自由变换"菜单。其操作方法如下。

方法一:利用鼠标在图像中拖动,调整到需要的大小、位置和角度,如图 2.1.10 所示。

方法二:利用属性栏进行调整,自由变换属性栏如图 2.1.11 所示。

图 2.1.10　鼠标调整

其中,"X: 703.5 px　△ Y: 639.5 px"中的值表示图像开始位置 X,Y 坐标的位置;"W: 100.0%　H: 100.0%"中的值表示图像的长与宽放大或缩小的百分数是多少;"圆"表示对长与宽的变化进行约束;"△ 0.0 度"为图像需要旋转的度数。

注意: 在调整人物照片大小时,通常要选择圆来约束照片的长与宽的比例,这样保证了照片在调整过程中不会变形。

X: 795.5 px	△ Y: 735.5 px	W: 100.0%	圆 H: 100.0%	△ 0.0 度

图 2.1.11　自由变换属性选项栏

三、操作指南

(1) 打开素材。启动 Photoshop CS3,进入其工作界面后,执行"文件"|"打开"命令,在弹出的"打开"对话框中,打开素材 1 文件,效果如图 2.1.1 所示。

(2) 建立选区。以照片素材为当前编辑文件,选择工具箱中的椭圆选框工具 ○ ,设置选框的羽化参数值,在照片中选择小女孩的脸部,效果如图 2.1.12 所示。

(3) 复制。执行文件"编辑"|"复制"命令,对所选区域进行复制。

(4) 打开素材。执行"文件"|"打开"命令,在弹出的"打开"对话框中,打开素材 2 文件,效果如图 2.1.2 所示。

(5) 粘贴。以桔子素材为当前文件,执行"编辑"|"粘贴"命令,则小女孩的图片复制到桔子图片上,效果如图 2.1.13 所示。

图 2.1.12　选择图像

图 2.1.13　复制图像

使用技巧: 在选区选择好后可以直接利用移动工具 ▸⊕ 将选好的选区用鼠标拖到要复制的图像上。

(6) 调整位置。选择"编辑"｜"自由变换"命令，将复制的图片进行大小与位置的调整，效果如图 2.1.14 所示。

图 2.1.14　效果图

四、案例小结

本案例主要介绍了选框工具的使用，利用自由变换进行图像大小位置等的调整，主要要求学生能够根据实际情况选择合适的工具，并正确利用羽化参数值进行合理的修饰。

五、案例拓展

在本案例中，通过椭圆工具复制的图像在光线上显得比较暗淡，如果将复制的图像的暗淡光线进行适当的调整，则处理的图像会更加完美。这里用图像调整的曲线进行亮度的调整。

"曲线"调整的命令功能非常强大，利用"曲线"命令可以精确调整图像的亮度，图像的对比度和控制色彩等。执行"图像"｜"调整"｜"曲线"命令，弹出如图 2.1.15 所示的"曲线"对话框。在此对话框中最重要的工作是调节曲线，曲线的水平轴表示像素原来的色调值，即输入色阶，对应的值在输入文本框显示，垂直轴表示调整后的色调值，即输入色阶，对应的值在输出文本框显示，其输入与输出值的变化范围为 0～255。将鼠标放入坐标区域内，输入和输出文本框应显示当前鼠标所在处的坐标值。

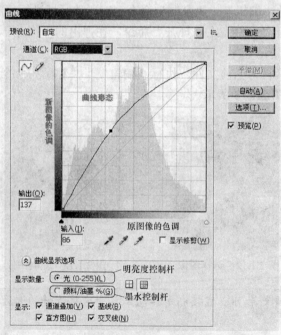

图 2.1.15　曲线对话框

18

改变对话框中曲线表格中线条形状就可以调整图像的亮度、对比度和色彩平衡等。

调整曲线的方法有两种。

方法一：选中曲线工具 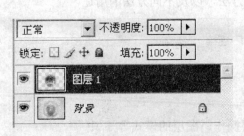，光标移到曲线表格中变成"+"形状时，单击可产生一个节点，曲线形状也会随之变化，对话框左下角的"输入"和"输出"文本框中将显示节点的"输入"值和"输出"值。用鼠标可以拖动节点改变曲线形状。

曲线向右上角弯曲，色调变亮；曲线向左下角弯曲，色调变暗。

方法二：选择铅笔工具 ，在曲线表格内移动鼠标就可以绘制曲线、调整曲线的形状。这种方法绘制的曲线往往很不平滑，在"曲线"对话框中单击"平滑"按钮即可解决。

注意 1：在曲线下方有一个明亮度控制杆，它表示曲线图中明暗度的分布方向。单击这个滑块可以切换明亮度和墨水浓度两种明暗度方式。在默认状态下亮度杆表示的颜色是从黑到白。即从左到右输入值逐渐增加，从下到上输出值逐渐增加；而切换成墨水浓度时，变化与默认状态相反。曲线越向上弯曲，图像越暗；曲线越向下弯曲，图像越亮。

注意 2：对以上所说的向上拖动曲线图像变亮、向下变暗是在图像模式为 RGB 的情况下适用，对于 CMYK 模式的图像来说，情况相反。

操作步骤：

(1) 打开案例中处理好的效果文件，在"图层"面板上将"图层 1"设置为当前操作层，效果如图 2.1.16 所示。

(2) 执行"图像"|"调整"|"曲线"命令，调整"图层 1"的亮度，则原来图像效果如图 2.1.17 所示。

图 2.1.16　图层效果　　　　　图 2.1.17　最终效果图

六、实训练习

利用选框工具制作如图 2.1.18 所示的八卦图。(提示：利用标尺定位)

图 2.1.18　八卦图

【案例2】 照片胶片效果的制作

本案例的目的是利用魔棒工具、图层"差值"模式制作出胶片的效果。主要技术是魔棒工具、图层操作、图层的模式改变等。

一、案例分析

图2.2.1所示为照片素材，图2.2.2所示为案例效果图。

图2.2.1 照片素材

图2.2.2 案例效果

在本案例的制作过程中，主要注意以下几个环节。

(1) 在复制人物时学习图层复制的多种方法，以及不同方法的用途。

(2) 注意各图层的位置顺序。

(3) 使用魔棒工具时，要适当地使用"□连续"选项。

(4) 多个选区的加减使用适当。

二、技能知识

本案例主要介绍魔棒工具、图层、图层操作、图层的模式等知识。

1. 魔棒工具

魔棒工具 ※ 是基于图像的颜色分布来创建选区，和菜单命令"选择"|"颜色范围"的功能有些相似，都是根据颜色来选取的。

基本操作：在工具箱中选择魔棒工具 ※ ，然后将光标移至图像中需要选中的颜色区域单击，就会形成选区。

魔棒工具的工具栏属性如图2.2.3所示。

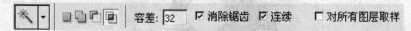

图2.2.3 魔棒属性

容差：表示颜色的选择范围。数值在0～255之间，数值越小，选取的颜色范围越小；数值越大，选取的颜色范围越大。图2.2.4所示是容差为"5"的选区，图2.2.5所示是容差为"20"的选区。

消除锯齿：设定所选范围区域是否具备消除锯齿的功能。

图 2.2.4 容差为"5"的效果

图 2.2.5 容差为"20"的效果

连续：选中该复选框，表示只是选择与单击处相连续的图像区域；取消选中该复选框，表示能够选中整幅图像范围内颜色容差符合要求的所有区域。图 2.2.6 所示为"连续"框选中的效果，图 2.2.7 所示为"连续"框没有选中的效果图。

图 2.2.6 "☑连续"的效果

图 2.2.7 "☐连续"的效果

对所有图层取样：该复选框用于具有多个图层的图像，系统默认为只能在当前图层中进行选取，选中该复选框则对图像中所有的可见图层起作用，即可选取所有可见层中相近的颜色区域。

2. 图层及面板

1) 图层概念

可以把图层想象成是一张一张叠起来的透明胶片，其中一张放在其余纸张上，每张透明胶片上都有不同的画面，如果上面的图层上没有图像，就可以看到底下图层中的内容，在所有图层之后是背景层，不同的图像放在不同的图层上进行独立操作而对其他图层没有影响。改变图层的顺序和属性可以改变图像的最后效果。通过对图层的操作，使用它的特殊功能可以创建很多复杂的图像效果。

2) 图层面板

选择"窗口"|"图层"命令可打开"图层"面板，"图层"面板是用来管理和操作图层的，几乎所有与图层有关的操作都可以使用"图层"面板完成。图 2.2.8 列出了"图层"面板各组部分功能。

3. 图层操作

1) 创建新图层

(1) 用鼠标单击"图层"面板上的"新图层"的小图标 ▣，可以创建一个新图层。

(2) 在图层面板上，用鼠标单击面板右上方的小三角 ▾☰会弹出菜单，选择菜单中的"新图层"命令，可在图层面板中产生一个新图层。

(3) 从"图层"菜单中建立图层。

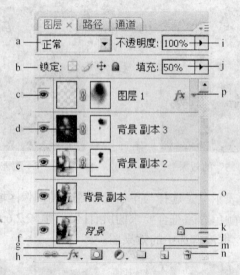

图 2.2.8　图层面板

a—图层混合模式；b—图层锁定选项(从左到右：透明度、图像、位置、全部)；c—指示图层可见性图标，用来显示/隐藏图层；

d—链接/取消链接图层；e—图层蒙版；f—创建新的调整图层/填充图层；g—新图层蒙版；h—添加图层样式；

i—图层不透明度；j—填充不透明度；k—部分锁定图层；l—新图层组；m—创建新建图层；

n—删除图层；o—复制的背景图层；p—显示或隐藏图层样式。

① 执行"图层"|"新建"|"图层"命令，可创建一个新的图层。

② 执行"图层"|"新建"|"图层背景"命令，可将背景图层转换为一个新的图层。

③ 用选择工具在图像中制作一个选区，执行"图层"|"新建"|"通过拷贝的图层"命令，可将选区内的图像复制成一个新的图层。

④ 用选择工具在图像中制作一个选区，执行"图层"|"新建"|"通过剪切的图层"命令，可将选区内的图像剪切下来生成一个新的图层。

⑤ 执行"编辑"|"粘贴"命令，将剪贴板上复制的图像粘贴到另一幅图像上时，软件会自动给所粘贴的图像建立一个新的图层。

⑥ 应用工具箱中的文字工具 T，可生成一个文字图层。

2) 显示与隐藏图层

在图层面板中，图层名称前的眼睛图案 为指示图层可视性图标，表示该图层是否被隐藏。

3) 图层的复制、删除与移动

复制：在图层面板中，将一个图层用鼠标直接拖到面板下面的创建新图层按钮 上，可将此图层复制，也可在图层面板右边的三角形图标 的弹出式菜单中选择"复制图层"命令，或执行菜单"图层"|"复制图层"命令。

删除：将图层名称直接拖到面板右下部的"垃圾桶"图标 上，即可将其删除；也可选中图层后，在面板右边的三角形图标 弹出式菜单中选择"删除图层"命令，或执行菜单"图层"|"删除图层"命令。

移动：用鼠标按住图层，可直接拖动图层上的内容进行移动，重新排列图层顺序。

4) 图层的锁定

将图层的某些编辑功能锁住，可避免由于误操作而损坏图像。图层面板中包括下述 4 种锁定。

(1) 锁定图层中透明部分 ：将图层中的透明区域锁定，只能对图层中有像素的部分进行操作。

(2) 锁定图层中的图像编辑 ：选中该项后，不论是透明部分还是图像部分都不允许进行任何编辑，但可以移动图层的内容。

（3）锁定图层的移动✛：选中该项后，本图层上的图像可以被编辑，但不能移动。

（4）锁定图层的全部🔒：选中该项后，图层所有移动和编辑功能都被锁定。

5）合并图层

（1）选择"图层"|"向下合并"命令，可以将某一层和它下面的一层合并起来。

（2）选择"图层"|"合并可见层"命令，可以将所有显示的层(即图层名称前有眼睛的图标的层)压缩到背景图层中或目标图层中去。

（3）选择"图层"|"拼合图层"命令，将所有显示和隐藏的图层全部合并到背景层上。

6）更改图层名称

更改图层名称方法是将鼠标右击要更改名称的图层，选择"图层属性"，则出现如图 2.2.9 所示的对话框，在输入框中输入新的名称即可。

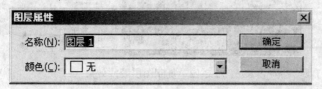

图 2.2.9　图层更名对话框

4. 图层混合模式：差值

图层混合模式是用来控制当前图层和它下面的图层之间像素的作用模式。包括：正常、溶解、变暗、正片叠底、变亮、叠加、柔光、强光、差值、排除、颜色等。

"差值"模式将当前图层的颜色与其下方图层的颜色的像素值减去较暗颜色的像素值，所得差值就是最后的效果的像素值。由于白色的亮度值为 255，故当前图层颜色为白色时，可以使下方图层的颜色反相，如图 2.2.10 所示。由于黑色的亮度值为 0，故当前图层颜色为黑色时，则原图没有变化。

 ＋  ＝

图 2.2.10　差值效果

三、操作指南

（1）打开胶片素材。启动 Photoshop CS3，进行其工作界面后，执行"文件"|"打开"(Ctrl+O)命令，在弹出的"打开"对话框中，选择胶片素材文件，效果如图 2.2.11 所示。采用同样的步骤，打开人物素材图像。

（2）复制人物。选择人物素材文件，执行"选择"|"全部"命令，则人物素材的所有图像都被选中。执行"编辑"|"拷贝"命令，则人物素材放入剪贴板中。选择"胶片"素材文件，执行"编辑"|"粘贴"命令，人物图层的图像即被复制到胶片文档中，则胶片文档效果与图层如图 2.2.12 所示。

23

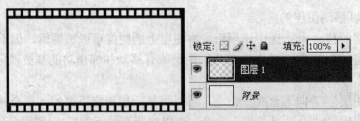

图 2.2.11 胶片效果与图层

图 2.2.12 复制图层胶片效果

(3) 移动图层。将鼠标放在"图层1"上,按住并拖动鼠标,将"图层1"移动到"图层2"的上面,效果如图 2.2.13 所示。

图 2.2.13 移动图层后的效果

(4) 选中胶片透明选区。选择工具箱中的魔棒工具 ✎,在魔棒工具的属性选择栏中将"☐ 连续 "选项不选,选择"图层1"为当前编辑层,用魔棒单击黑色之外的区域,则"图层1"的透明区域被选中,效果如图 2.2.14 所示。

(5) 去除胶片中心的人物选区。选择魔棒工具属性选项栏中"从选区中减去"选项,并选中"☑连续 ",再用魔棒工具在胶片的中心单击,则中心区域的选区被减去,效果如图 2.2.15 所示。

图 2.2.14 选择所有透明区域

图 2.2.15 减去中心区域

24

(6) 删除胶片孔位置的图像。将操作层选择到"图层 2"的人物图层，按"Delete"键，则胶片孔所在位置的图像被删除，执行"选择"|"取消选区"，效果如图 2.2.16 所示。

图 2.2.16 去除胶片孔的图像

(7) 改变图层模式。选取人物图层"图层 2"将图层"混合模式"改为"差值"。为了增加胶片的逼真效果，可以将"图层 1"的不透明度适当降低。最终效果如图 2.2.17 所示。

图 2.2.17 最终效果

四、案例小结

通过本案例的学习，学会灵活使用魔棒工具各属性的设置，理解图层的概念，掌握图层的各种操作，并对图层的差值模式进行适当的应用。

五、案例拓展

本案例是利用差值制作照片胶片的效果，同样可以利用图层差值的原理制作不同颜色风格的效果。对于同一图像，本身的颜色基本确定，要制作不同颜色效果的图像主要是对下方图层的颜色进行变化，效果如图 2.2.18 所示。

(a)   (b)   (c)

(d)   (e)   (f)

图 2.2.18　图层"差值"模式的效果

(a) 原图；(b) 蓝色底；(c) 天蓝色底；(d) 粉红色底；(e) 绿色底；(f) 黄色底。

六、实训练习

给定的素材如图 2.2.19 所示，利用魔棒工具为照片换背景，效果如图 2.2.20 所示。

图 2.2.19　素材　　　　　　　图 2.2.20　效果

【案例3】　彩色光盘的制作

本案例的目的是利用油漆桶工具与渐变工具制作彩色光盘。主要技术有：渐变工具、描边、标尺工具、油漆桶工具、参考线等。

一、案例分析

图 2.3.1 所示为效果图。

在本案例的制作过程中，主要注意以下几个环节。

(1) 在编辑渐变时，注意颜色所在位置的调整。

(2) 在描边时，圆从大到小的线宽注意大小调整。

(3) 在画圆时，要注意同心圆的用法。

(4) 中心点的确定会给绘制工作带来不少方便。

图 2.3.1　效果图

二、技能知识

本案例主要介绍颜色的选取、油漆桶工具、渐变的编辑与填充、选区的描边等知识。

1. 颜色的选取

在 Photoshop 中，选取颜色的方法有多种。

1）拾色器取颜色

光标单击工具箱中的"设置前景色"或"设置背景色"工具 ，则进入如图 2.3.2 所示的前景色拾色器，用鼠标在"颜色区域"中选择需要的颜色，或者在"颜色参数"的输入框内输入适当的参数即可得到所要的颜色。

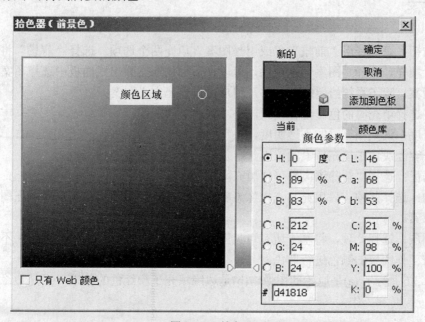

图 2.3.2　拾色器

2）利用"窗口"|"颜色"菜单取颜色

执行"窗口"|"颜色"命令，则在窗口"控制面板"区域出现"颜色"面板，用光标选取需要的颜色，则在工具箱的"设计前景色"的工具中出现相应的颜色。效果如图 2.3.3 所示。

3）利用工具箱中的"吸管工具"选取颜色

选取工具箱的吸管工具 ，在要取样的颜色上单击，则取样点的颜色就显示在"设计前景色"的工具箱中。

4）利用"窗口"|"色板"菜单取颜色

执行"窗口"|"色板"命令，则在窗口"控制面板"区域出现"色板"面板，用光标选取需要的颜色，则"吸管工具"自动出现在"控制面板"上，这时在工具箱的"设计前景色"的工具中出现相应的颜色。效果如图 2.3.4 所示。

图 2.3.3　窗口颜色控制面板

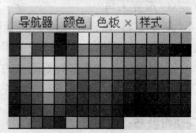

图 2.3.4　色板面板

27

2. 油漆桶工具

油漆桶工具  可根据颜色的近似程度来填充颜色。填充的颜色为前景色或连续图案。油漆桶工具不能用于位图模式的图案。

油漆桶工具的属性选项栏如图 2.3.5 所示。

图 2.3.5　油漆桶选项栏

填充按钮：可选择用"前景"色或用"图案"填充两个选项。选择"前景"将工具箱中的前景色进行填充，选择"图案"这项后，可以在后面的图案弹出式面板中选择图案来填充。对于填充的图案，除了系统给定的部分外，用户可以自己定义图案。

模式：选择填充时的色彩混合模式。

不透明度：调整填充时的不透明度。

容差：容差决定了填充像素的范围，容差值越大，填充范围越大。

消除锯齿：选择"消除锯齿"可使填充区域的边缘平滑。

连续的：选择此项，只填充与点按像素颜色相似且连续的像素；不选择填充图像中所有具有相似的像素。

所有图层：选择此项，将基于所有可见图层的综合颜色信息进行填充取色，不选此项，将只根据当前工作图层的颜色进行取色。

如图 2.3.6 所示，(a)是原始的图像，(b)是边缘填充了粉红色的效果，(c)是边缘填充了图案的效果。

(a)　　　　　　　　　　(b)　　　　　　　　　　(c)

图 2.3.6　油漆桶填充效果

(a) 原始图；(b) 边缘填充了粉红色；(c) 边缘填充了图案。

3. 渐变工具

渐变工具 ：用来填充渐变色，如果不创建选区，渐变工具将用于整个图像。使用这个工具用户可以创造出多种渐变效果。

使用方法是首先选择好渐变方式和渐变色彩，用鼠标在图像上按住拖拉，形成一条直线，直线的长度和方向决定了渐变填充的区域和方向。

使用技巧：拖拉鼠标的同时按"Shift"键可保证鼠标的方向是水平、竖直或45°。

渐变工具的属性选项栏如图 2.3.7 所示。

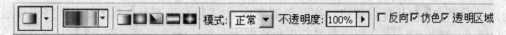

图 2.3.7　渐变属性选项栏

1) 渐变编辑

在渐变工具选项栏中，有"渐变编辑器" ，单击右边小三角，如果在渐变类型中选择"实底"类型，则出现如图 2.3.8 所示的平滑渐变编辑器，可以从预置渐变填充中选取或创建自己需要的平滑渐变。

图 2.3.8　渐变编辑器

在"预设"部分选择一种渐变，作为创建新渐变的基础，然后对它进行修改并保存为新的颜色和渐变色。使用"渐变编辑器"不仅能够编辑颜色的过渡变化，而且能够编辑透明度的变化。在"渐变编辑"中有一个展开的渐变条，其上部和一排滑块称为不透明度色标，用来控制不透明度的渐变，其下部的一排滑块称为颜色色标，用来控制颜色。

2) 渐变填充类型

渐变工具的渐变填充类型如图 2.3.9 所示，(a)表示线性渐变█(从起点到终点作线状渐变)；

(a)　　　　　(b)　　　　　(c)　　　　　(d)　　　　　(e)

图 2.3.9　渐变填充五种类型

(a) 线性渐变；(b) 径向渐变；(c) 角度渐变；(d) 对称渐变；(e) 菱形渐变。

(b)表示径向渐变 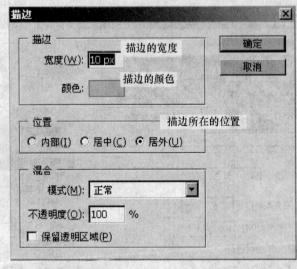(从起点到终点作圆形渐变); (c)表示角度渐变 (从起点到终点作放射渐变); (d)表示对称渐变 (从起点到终点作对称直线渐变); (e)表示菱形渐变 (从起点到终点作菱形渐变)。

4. 描边

在 Photoshop CS3 中可以对选区进行描边操作。先对区域进行选择,执行"编辑"l"描边…"命令后出现如图 2.3.10 所示的对话框。在描边对话框中可以根据需要进行边的宽度、颜色以及所在位置的设置。

图 2.3.10 "描边"对话框

三、操作指南

(1) 新建文件。执行菜单中的"文件"l"新建"命令,在弹出的对话框中设置参数如图 2.3.11 所示。

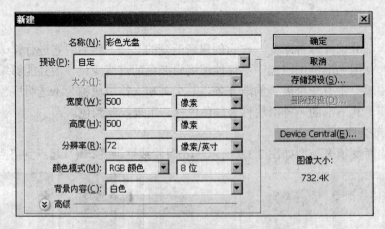

图 2.3.11 新建对话框

(2) 渐变填充背景。选择工具箱中"渐变工具" ,渐变类型为线性渐变 ,调节渐变色为深蓝 RGB(20,10,100)、蓝白 RGB(159,159,220)、蓝(110,110,250),位置效果如图 2.3.12 所示。对背景层进行从上到下的渐变填充。

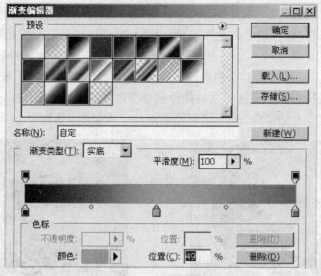

图 2.3.12 渐变编辑

(3) 调出参考线。执行"视图"I"标尺"命令，调出标尺，然后选择用鼠标从标尺上拖出参考线，效果如图 2.3.13 所示。

(4) 画圆。选择工具箱中的椭圆工具 ⬭，按住键盘上的"Shift+Alt"键，以参考交叉点为圆心绘制圆形选区，结果如图 2.3.14 所示。

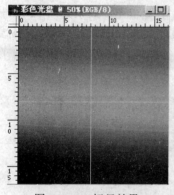

图 2.3.13 标尺效果

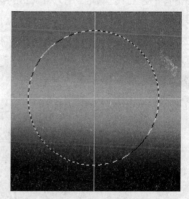

图 2.3.14 画中心圆

(5) 渐变填充。单击图层面板下方的"创建新图层"按钮 ▣，新建一个"图层 1"，选择工具箱中的渐变工具 ▣，用合适的渐变，将渐变类型设置为"角度渐变" ◨，在"图层 1"上从中心点向外拖动进行渐变填充，效果如图 2.3.15 所示。

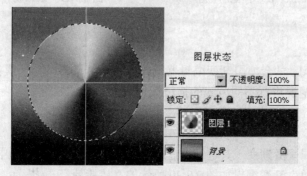

图 2.3.15 渐变填充效果

(6) 描边。执行"编辑"|"描边..."命令，将大圆进行描边，在弹出的对话框中设置参数，描边的位置是"居外"，颜色是"白色"，宽度为"4"，单击"确定"按钮进行描边操作，取消选区，效果如图 2.3.16 所示。

(7) 删除中心区。选择工具箱中的椭圆工具 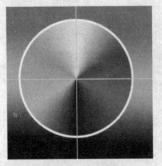，选择"图层 1"，按住"Shift+Alt"组合键从参考线交叉点拖拉出圆形选区。然后执行菜单中的"编辑"|"描边..."命令，将圆形进行白色描边。接着按键盘上的"Delete"键删除选区，效果如图 2.3.17 所示 。

图 2.3.16　描边效果

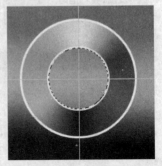
图 2.3.17　删除中心区域效果

注意：这步中描边的宽度要略小于上一步描边的宽度，为"3"像素，这样图像效果比较好。

(8) 中心渐变填充。单击图层面板下方的"创建新图层"按钮 ，新建一个"图层 2"，选择工具箱中的渐变工具 ，用步骤(2)的渐变在"图层 2"上进行渐变填充，将渐变类型设置为线性渐变 ，在"图层 2"上从中心点向外拖动进行渐变填充，效果如图 2.3.18 所示。

注意：大家在进行渐变填充时，可以根据自己的设计效果，进行不同效果的渐变填充。

(9) 画小圆。同样画一小圆，进行描边，将中心进行删除，执行"视图"|"清除参考线"命令，删除参考线，效果如图 2.3.19 所示。

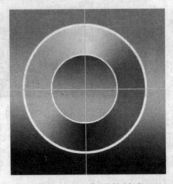
图 2.3.18　中圆的填充

图 2.3.19　效果图

四、案例小结

通过本案例的学习，学会使用渐变编辑器编辑各种样式的渐变，掌握各种形式颜色的选取，学会根据不同的实际情况进行不同方式的描边操作。

五、案例拓展

本案例中利用编辑平滑渐变工具进行光盘的制作，在编辑渐变的类型中，还可以编辑"杂色"编辑类型，利用"杂色"渐变编辑如图 2.3.20 所示的"棒棒糖"。(提示：利用滤镜扭曲设计)

杂色渐变编辑：在渐变工具选项栏中，有"渐变编辑器"

，单击右边小三角，如果在渐变类型中选择"杂色"
类型，则出现如图 2.3.21 所示的杂色编辑器，用来编辑杂色渐变。

"粗糙度"用来控制渐变的平滑度，粗糙度越大，颜色层次
越多。要设置整个渐变的粗糙度，可在"粗糙度"文本框中输入
值，或者拖移"粗糙度"弹出式滑块。

可基于不同的颜色模式(RGB、HSB、Lab)来控制杂色随机变
化的范围。对于所选颜色模式中的每个组件，都可以拖移滑块定
义杂色的范围。

图 2.3.20　棒棒糖

选择"限制颜色"选项可以把颜色限制在可以用 CMYK 油墨打印的范围。

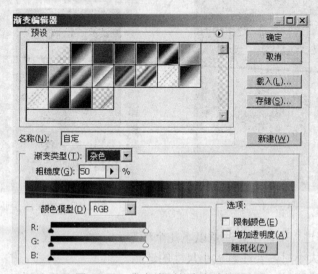

图 2.3.21　杂色类型的渐变编辑器

六、实训练习

根据给定的素材，制作如图 2.3.22 所示的效果。

图 2.3.22　效果图

【案例4】 邮票中的小女孩

本案例的目的是利用改变画布大小扩展图像的画布，用画笔工具对路径进行描边。主要技术有扩展画布、画笔、魔术棒、路径描边等。

一、案例分析

图 2.4.1 所示为原图，图 2.4.2 所示为效果图。

图 2.4.1 原图

图 2.4.2 效果图

在本案例的制作过程中，主要注意以下几个环节。

(1) 在设置画布大小时，要注意大小尺寸的适当。

(2) 在画笔参数设置时，画笔的大小尺寸要适当，间隔距离要合适。

(3) 调整时画布要进行适当背景颜色的调整。

二、技能知识

本案例主要用到画笔工具、铅笔工具、"画笔"面板、画布操作及路径的概念。

1. 画笔工具

画笔工具 ✐ 是绘制图像时使用最多的工具。利用画笔工具可以绘制边缘柔和的线条，且画笔的大小、边缘柔和的幅度都可以灵活调节。画笔工具属性选项栏如图 2.4.3 所示。

图 2.4.3 画笔属性选项栏

画笔：画笔后面的小三角可出现一个弹出式面板，效果如图 2.4.4 所示，在此栏中可以根据需要添加相关类型的画笔并选择合适的画笔。如选择"书法画笔"，则可以添加相关类型的画笔。

模式：在此下拉列表框中选择用画笔工具绘图时的混合模式。

不透明度：此数值用于设置绘制时的不透明度。100%表示完全不透明，而 0%则表示完全透明。不透明度数值越大，绘画后前景色的覆盖力越强，反之越弱。

流量：设置当将指针移动到某个区域上方时应用颜色的速率。在某个区域的上方进行绘画

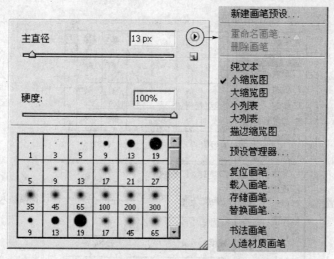

图 2.4.4　选择画笔种类

时，如果按住鼠标按钮，颜色量将根据流动速率增大，直至达到不透明设置。例如，如果将不透明度和流量都设置为33%，则在每次移动到某个区域上方时，颜色将会朝画笔颜色接近33%。除非释放鼠标按钮并再次在该区域上方描边，否则总量将不会超过33%不透明度。

此选项可以设置绘图时的速度，数值越小，用画笔绘图速度越慢。如果在工具选项中单击"喷枪功能"按钮 ，可以用喷枪的模式工作。

2. 铅笔工具

铅笔工具 的使用方法与画笔工具相似，可以模仿自由笔画线。铅笔工具选项栏属性如图2.4.5 所示，大部分与笔画相同。

图 2.4.5　铅笔选项栏

自动抹除：选中此复选框，则利用铅笔工具绘图时，当光标的起点单击在以前使用铅笔工具绘制的线条上时，可以将光标经过的地方填充背景色。图 2.4.6 显示了此项选中时所表现出的效果。当用铅笔工具画第一条线时，前景色是粉红色，线是前景色(粉红色)；画第二条线时，起点从第一条线上开始，则用背景色绿色覆盖粉红色，线为背景色(绿色)；画第三条线时，起点从第二条线上开始，则用前景色覆盖背景色，线颜色为前景色(粉红色)。

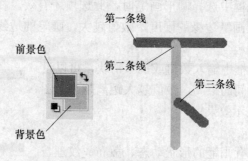

图 2.4.6　带"自动抹除"的效果

3. 画笔面板

执行"窗口"|"面板"命令，在窗口的控制面板中出现"画笔"面板如图 2.4.7 所示。

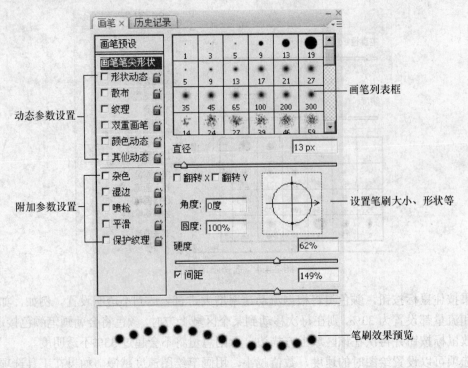

图 2.4.7 "画笔"面板

1) 常规参数设置

常规参数包括画笔的大小、圆度、硬度、间距等属性。无论选择哪一个画笔样式，都可以设置画笔的常规参数。

单击"画笔"面板中的"画笔笔尖形状"选项，显示"画笔"面板，在此可以设置当前画笔的基本属性，其中包括画笔的"直径"、"圆度"、"间距"等参数。

直径：在"直径"数值输入框中输入数值或调节滑块，可以设置画笔的大小，数值越大，画笔直径越大。

翻转 X/翻转 Y：选中该复选框后，画笔方向将做水平/垂直翻转。

角度：在该数值输入框中输入数值，可以设置画笔旋转的角度。

圆度：在"圆度"数值输入框中输入数值，可以设置画笔的圆度，数值越大画笔越趋向于圆或画笔在定义时所具有的比例。

硬度：当在画笔列表框中选择圆形画笔时，此选项才有效。在这些数值输入框中输入数值或调节滑块，可以设置画笔边缘的硬度，数值越大，画笔的边缘越清晰；数值越小，边缘越柔和。

间距：在该数值输入框中输入数值或调节滑块，可以设置绘图时组成线段的两点间的距离，数值越大距离越大。图2.4.8 显示了不同间距的显示效果。

2) 动态参数设置

动态参数设置包括设置画笔的形状动态、散布、纹理、双重画笔、颜色动态等属性，配合应用各种选项可得到非常丰富的画笔效果。

(1) "形状动态"选项如图 2.4.9 所示。

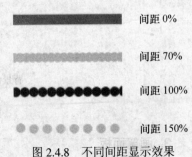

间距 0%

间距 70%

间距 100%

间距 150%

图 2.4.8 不同间距显示效果

36

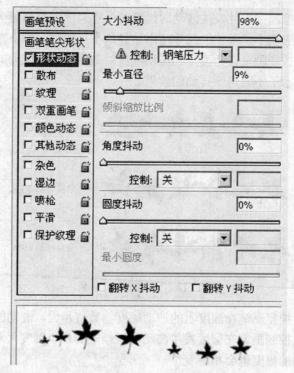

图 2.4.9   "形状动态"选项

大小抖动：此参数控制画笔在绘制过程中尺寸的波动幅度，数值越大，波动幅度越大。图 2.4.10 显示了不同大小抖动的效果。

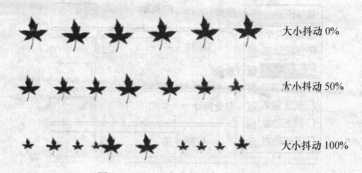

图 2.4.10   "大小抖动"值的效果

控制：控制画笔波动的方式，其中包括关、渐隐、钢笔压力、钢笔斜度、光笔轮等多种方式。例如，"渐隐"项，选择该选项，将激活其右侧的数值输入框，在此输入数值可以改变画笔笔触渐隐的步长。数值越大，画笔消失的速度越慢，描绘的线段就越长。效果如图 2.4.11 所示。

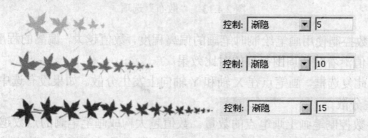

图 2.4.11   "渐隐"值的效果

最小直径：此数值控制在尺寸发生波动时画笔的最小尺寸。数值越大，发生波动的范围越小，波动的幅度也会相应变小。画笔的尺寸动态达到最小尺寸时，最小直径参数越大。

角度抖动：此参数控制画笔在角度上的波动幅度。数值越大，波动的幅度也越大，画笔显得越紊乱。图 2.4.12 表示了不同角度抖动的效果。

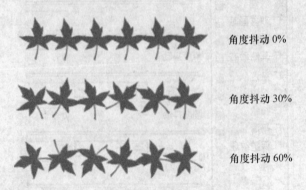

角度抖动 0%

角度抖动 30%

角度抖动 60%

图 2.4.12　"角度抖动"效果

圆度抖动：此参数控制画笔在圆度上的波动幅度。数值越大，波动的幅度也越大。

最小圆度：此参数控制画笔在圆度发生波动时，画笔的最小圆度尺寸值，数值越大则发生波动的范围越小，波动的幅度也会相应变小。

翻转 X/翻转 Y 转动：选中该复选框后，画笔方向将做水平/垂直翻转。

(2) 在"散布"参数区域中可以设置画笔的散布百分比、数量、数量抖动等参数。其面板如图 2.4.13 所示。

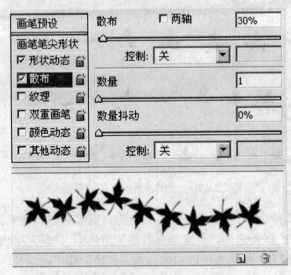

图 2.4.13　"散布"选项

散布：此参数控制使用画笔绘制时笔画的偏离程度，数值越大，偏离的程度越大。图 2.4.14 显示了不同散布值沿着叶子周围得到的对比效果。

两轴：选中此复选框，画笔点在 X 轴和 Y 轴向上发生分散。如果没有选中此复选框，则只在 X 轴向上发生分散。

数量：此参数控制笔画上画笔点的数量。数值越大构成画笔笔画的点数越多。

数量抖动：此参数控制在绘制的笔画中，画笔点数量的波动幅度。数值越大，笔画中画笔

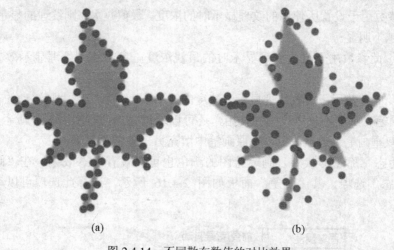

(a)   (b)

图 2.4.14　不同散布数值的对比效果

(a)　"散布"值为 30；(b)　"散布"值为 400。

的数量抖动幅度越大。

(3) 在"纹理"参数区域可以为画笔添加纹理效果，Photoshop CS3 自带一些纹理效果，用户还可以自己创建一些纹理效果。在"画笔"面板中选择"纹理"选项，"画笔"面板如图 2.4.15 所示。

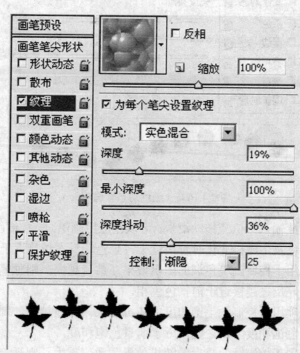

图 2.4.15　"纹理"选项

在"画笔"面板上的"纹理选项"下拉列表框中选择合适的纹理效果，其中包括系统默认和用户自定义的所有纹理。

反相：基于图案中的色调反转纹理中的亮点和暗点。

缩放：拖动滑块在数值输入框中输入数值，可以设置纹理的缩放比例。

模式：从下拉列表框中选择一种纹理与画笔的叠加模式。

深度：此参数用于设置所使用的纹理显示时的浓度。数值越大，则纹理的显示效果越明显，反之纹理效果越不明显。

最小深度：此参数用于设置纹理显示时的最浅浓度。参数越大纹理显示效果的波动幅度越小。

深度抖动：此参数用于设置纹理显示浓淡度的波动程度。数值越大则波动的幅度也越大。

(4) 双重画笔。画笔不仅可以单独使用，还可以通过叠加同时应用两种画笔。在"画笔"面板中选择"双重画笔"选项，可以在原画笔中填充另一种画笔效果。

(5) 颜色动态。除了形状外，画笔绘图的颜色也可以设置动态效果。在"画笔"面板中选择"颜色动态"选项，其"画笔"面板如图 2.4.16 所示。选择此选项可以动态改变画笔颜色。

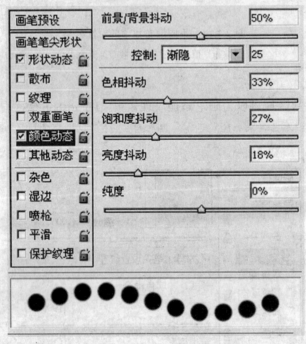

图 2.4.16 "颜色动态"选项

前景/背景抖动：在此输入数值或拖动滑块，可以在应用画笔时，控制画笔的颜色变化情况。数值越大，则画笔的颜色发生随机变化时越接近于背景色，反之越接近于前景色。

色相抖动：此选项用于控制画笔色调的随机效果。数值越大，则画笔的色调发生随机变化时越接近于背景色色相，反之越接近于前景色色相。

饱和度抖动：此选项用于控制画笔饱和度的随机效果。数值越大，则画笔的饱和度发生随机变化时越接近于背景色饱和度，反之越接近于前景色饱和度。

亮度抖动：此选项用于控制画笔亮度的随机效果。数值越大，则画笔的亮度发生随机变化时越接近于背景色亮度，反之越接近于前景色亮度。

纯度：在此输入数值或拖动滑块可以控制笔画的纯度。数值为-100时笔画呈现饱和度为0的效果，而数量为100时笔画呈现完全饱和的效果。

(6) "其他动态"中还有画笔的"不透明度抖动"和"流量抖动"两个选项。在"画笔"面板中选择"其他动态"选项时，出现如图2.4.17所示的面板。

不透明抖动：此选项用于控制画笔的随机不透明效果。

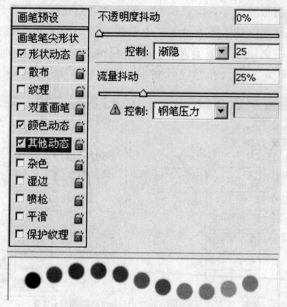

图 2.4.17　"其他动态"选项

流量抖动：此选项用于控制用画笔绘制时的消褪速度。百分数越大，则消褪越明显。

3) 附加参数设置

画笔中还有 5 个附加选项，它们没有参数可以设置。选择其中的任一选项，即可为画笔添加相应的效果。这些选项包括杂色、湿边、喷枪、平滑及保护纹理。

杂色：选择该选项时，画笔边缘越柔和杂色效果就越明显，也就是当画笔"硬度"数值为 0%时杂色效果最明显，"硬度"数值为 100%时效果最不明显。

湿边：选择该项后，在进行绘图时将沿着画笔的边缘增加前景色，从而创建出水彩画的效果。

喷枪：选择该项后，与在画笔工具选项条上选中"喷枪"按钮的作用是相同的。当使用画笔工具按住鼠标左键不放时，将产生颜色淤积的效果。

平滑：选择该项后，在绘图过程中可能产生较平滑的曲线，尤其在使用压感笔的时候，选择该选项得到的平滑效果更为明显。

保护纹理：选择该项后，将对所有具有纹理的画笔预设应用相同的图案和比例。选择此选项后，在使用多个纹理画笔笔尖绘画时，可以模拟出一致的画布纹理。

注意："画笔"面板广泛应用于所有可用于统计图的工具。例如，铅笔工具、历史记录画笔、橡皮擦工具等，只不过由于各绘图工具的特性，有些"画笔"面板中的动态参数并不可用而已。

4. 画布操作

在 Photoshop CS3 中创建空白页面(称为画布)相当于美术中的画纸，绘制的所有图像都是基于画布的。在 Photoshop CS3 中创建的画布是可以调整大小和方向的，且不影响其中图像的显示质量，画布的操作有两个方面。

1) 改变画布尺寸

一般情况下，图像大小定义后，画布的大小与图像大小一样，但用户可以改变画布的大小，扩展图像画布后，被改变的区域显示背景色；如果新建画布尺寸小于图像尺寸，则图像将被裁剪以适应当前的画布大小。

如果需要改变图像的画布大小，可以执行"图像"|"画布大小..."命令，在弹出如图 2.4.18 所示的对话框中设置。若"相对"选项不选，表示要改的画布大小与原来无关，只要在"宽度"和"高度"数值输入框中直接输入数值即可。若"相对"选项选上，则表示在原来画布的对比下进行大小调整，正数表示扩展，负数表示缩小。图 2.4.19 所示为一扩展画布的效果。

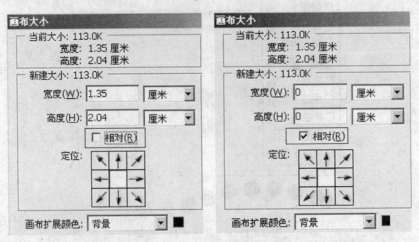

图 2.4.18　"画布大小"对话框

图 2.4.19　画布扩展的效果

2）改变画布方向

改变画布的方向后图像也随之改变，包括图像中的图层、通道、路径等效果也将随之改变。执行"图像"|"旋转画布"命令，则出现如图 2.4.20 所示的菜单命令，根据需要选择不同的菜单进行操作。

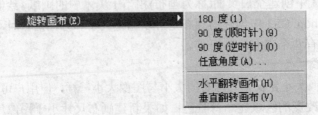

图 2.4.20　旋转菜单

注意：旋转画布与旋转菜单是完全不同的操作。图 2.4.21 显示的旋转画布与旋转图像的效果。

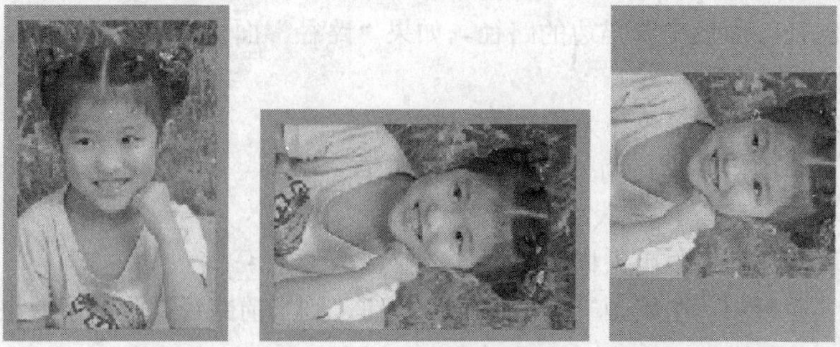

(a) (b) (c)

图 2.4.21 旋转画布与图像的对比

(a) 原图；(b) 旋转画布；(c) 旋转图像。

5. 路径的概念

路径是 Photoshop CS3 中最重要的工具之一。路径是以一个虚体的形状存在于图像中，它仅仅是点、直线和曲线的集合，不存在任何图像像素，因此不会被打印输出，它只存在于“路径”面板中。

1) 路径的功能

① 能够将一些不够精确的选区范围转换为路径后再进行编辑和微调，完成一个精确的选区范围后再转换为选区使用。

② 方便地绘制复杂的图像。

③ 用“填充路径”、“描边路径”命令，可创作出特殊的效果。

④ 单独作为矢量图输出到其他矢量程序中。

2) 路径的创建

建立路径的方法有两种：一种是将已有的选区转换为路径。如已经选好选区，这时转换到“路径”面板中，按“从选区生成工作路径”按钮即可；另一种是使用工具箱里的工具创建路径，如钢笔工具。

3) “路径”面板

“路径”的面板如图 2.4.22 所示，单击“路径”面板右上角的三角形按钮，将弹出路径命令的菜单如图 2.4.22 所示。

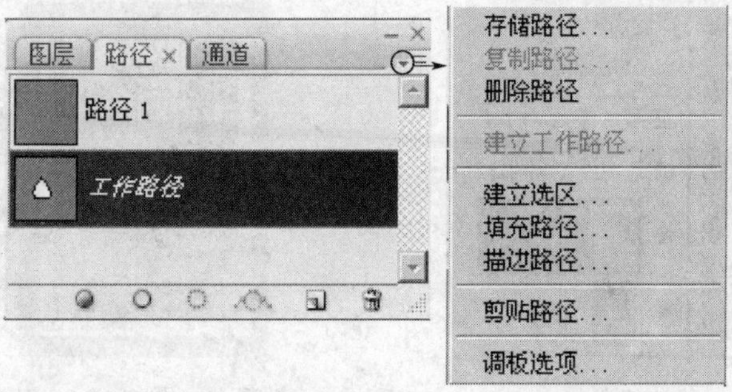

图 2.4.22 “路径”面板

—用前景色填充路径；—用画笔描绘路径；—将路径转换为选区；

—将选区转换为工作路径；—新建路径；—删除当前路径。

4) 路径描边

通过路径的描边可以得到非常丰富的图像轮廓效果，路径描边的步骤如下。

(1) 选择"路径"面板中要描边的路径。如果"路径"面板中有多条路径，可用路径选择工具 选择要描边的路径。

(2) 在工具箱中设置前景色作为描边的颜色。

(3) 选择工具箱中用来描边的工具，可以是铅笔、钢笔、橡皮擦组、橡皮图章、历史画笔组、等工具。

(4) 设置"画笔"面板中用来描边的工具参数。

(5) "路径"面板中单击用画笔描边路径 按钮，则当前路径得到描边效果。

三、操作指南

(1) 打开照片素材。启动 Photoshop CS3，打开工作界面后，执行"文件"|"打开"(Ctrl+O)命令，在弹出的"打开"对话框中，选择照片素材文件，效果如图 2.4.1 所示。

(2) 复制图层。执行"图像"|"全选"(Ctrl+A)命令，选择所有照片图像，执行"图层"|"新建"|"通过拷贝图层"(Ctrl+J)命令，得到复制的"图层 1"。图层效果如图 2.4.23 所示。

(3) 扩展画布。将背景色设置为绿色，执行"图像"|"画布大小…"命令，将图像的画布扩展，效果如图 2.4.24 所示。

图 2.4.23　复制图层效果

图 2.4.24　改变画布的效果

(4) 白边填充。将"图层 1"设置为当前操作层，选择工具箱中的魔棒工具 ，单击"图层 1"的边缘，得到选区，将前景色设置为白色，用白色填充，效果如图 2.4.25 所示。取消选区。

(5) 扩展画布。将背景色设置为蓝色，如上述步骤 3 一样进行适当的画展扩展。效果如图 2.4.26 所示。

图 2.4.25　白色边缘效果

图 2.4.26　蓝色画布扩展

(6) 建立选区。按住"Ctrl"键，用鼠标单击"图层 1"，则"图层 1"被选中，效果如图 2.4.27 所示。

(7) 建立路径。将控制面板转换到"路径"面板，单击"从选区生成工作路径"按钮 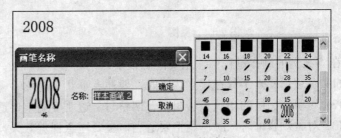，则"图层1"的选区转换成路径。

(8) 画笔描边。前景色与背景色交换，将"画笔"的画笔调整好，笔尖形状的间隔距离设置为155%，画笔设置效果如图2.4.28所示。单击"路径"面板后面的菜单，选择"描边路径…"命令，选择"画笔"描边，删除路径，则最终效果如图2.4.29所示。用户可以在邮票上加上适当的文字，让图像更加完美。

图2.4.27　选区图层　　　　图2.4.28　画笔设置参数　　　　图2.4.29　最终效果

四、案例小结

通过本案例的学习，了解"画笔"面板的各种效果参数设置，铅笔与画笔的区别，熟悉常用一些效果的设置，画笔工具的操作，掌握路径工具的概念、建立与相关的操作。

五、案例拓展

对于画笔除了可以用系统自带的画笔外，还可以自己定义画笔，将案例拓展，设置如图2.4.30所示的效果。

除了 Photoshop 自带的画笔样式外，用户还可以自定义画笔。用户可以根据需要创建个性化的画笔效果。自定义方法如下。

(1) 选择要定义画笔的对象，可以是图像或文字。

(2) 选择要作为画笔的图像或文字(选择时可以使用矩形工具、索套工具、魔棒工具等)，将要定义为画笔的部分选中。

(3) 选择"编辑"|"定义画笔预设"命令，在弹出的对话框输入画笔的名称，然后单击"确定"按钮。

(4) "画笔"面板中可查看新定义的画笔，其效果如图2.4.31所示。

图2.4.30　自定义画笔效果　　　　　　图2.4.31　自定义画笔过程

六、实训练习

利用给定的素材，制作如图 2.4.32 所示的卷页效果。

图 2.4.32　卷边原图与效果图

【案例5】　照片上妆

本案例的目的是利用多边形套索工具对照片中的嘴唇进行上色美化，照片中的脸颊利用套索工具进行加上红色的点缀加工。主要技术有套索工具、缩放工具、图层混合模式和高斯模糊。

一、案例分析

图 2.5.1 所示为原图，图 2.5.2 所示为效果图。

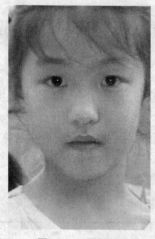

图 2.5.1　原图　　　　　　　　　　图 2.5.2　效果图

在本案例的制作过程中，主要注意以下几个环节。
(1) 多边形套索工具在建立选区时，要注意形状与对称。
(2) 对填充图层的"填充透明度"调整时，透明度调整要适当。
(3) 对脸颊修饰时，颜色调整要适当，主要注意视觉效果。
(4) 用高斯模糊时，要根据实际情况确定合适的模糊参数。

二、技能知识

本案例主要介绍的是套索工具、多边形套索工具、缩放工具的运用、图层的模式：颜色的应用与高斯模糊等。

1. 套索工具

套索工具 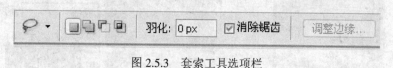 是用来创建不规则选区，其工作模式类似于使用铅笔工具来描绘被选择的区域，自由度非常大。但因为是用手拖动鼠标来创建选区，所以稍有不慎就达不到理想的选择效果，因此只有熟练操作且注意力高度集中才能创建精度很高的选区。当然，由于使用此工具创建的选区通常是比较灵活多样的。因此也不必使用此工具创建高精度选区。套索工具的参数如图 2.5.3 所示，其参数用法与选择工具相同，套索工具的使用方法如下。

图 2.5.3 套索工具选项栏

(1) 选择套索工具，在工具属性选项条中设置适当的参数。

(2) 按住鼠标左键拖动光标围绕需要选择的图像。

(3) 要闭合选区，释放鼠标左键。

注意：套索工具适用于非常粗略地选择图像，可绘制一个大致轮廓。

2. 多边形套索工具

多边形套索工具 创建选区时只须在图像上单击，两点之间即连成直线，当选区闭合后，所有直线封闭的区域自动变换为选区，这是创建多边形不规则选区的最佳工具，其操作方法如下。

(1) 选择多边形套索工具，在工具属性选项条中设置适当的参数。

(2) 在图像中单击以设置选择区域的起始点。

(3) 围绕需要选择的图像，不断单击以确定节点，节点与节点之间将自动成为选择线。

(4) 如果在操作时出现误操作，按"Delete"键可删除最近确定的节点。

(5) 要闭合选择区域，将光标放于起点上，此时光标旁边会出现一个闭合的圆圈，单击即可。如果光标在未起始的其他位置，双击鼠标也可以闭合选区。

3. 缩放工具

在 Photoshop 进行操作时，有时为了操作的方便，常常需要将图像的局部进行缩放来控制图像在窗口的显示比例。这就要用缩放工具 来进行操作。其属性选项栏如图 2.5.4 所示。

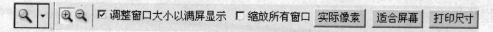

图 2.5.4 缩放工具选项栏

：放大工具，选择此工具，单击图像，则图像按一定的比例放大。用它拖出选区，可以放大此区域，双击缩放工具图标，图像将以实际像素显示。

：缩小工具，选择此工具，单击图像，则图像按一定的比例缩小。

☑调整窗口大小以满屏显示：选择此项时，对图像进行缩放时，窗口自动跟着调整。

☑缩放所有窗口：选择此项时，窗口中所有图像都一样缩放。

实际像素：单击此按钮，图像按实际像素显示。

$\boxed{\text{适合屏幕}}$：单击此按钮，图像自动调整到适合屏幕大小。

$\boxed{\text{打印尺寸}}$：单击此按钮，图像以打印尺寸的大小显示。

4. 图层混合模式：颜色

"颜色"模式使用基色的明度以及混合色的色相饱和度创建结果，能够使用"混合色"颜色的饱和度值和色相值同时进行着色，这样可以保护图像的灰色色调，但混合后的整体颜色由当前混合色决定。"颜色"模式可以看成是"饱和度"模式和"色相"模式的综合效果。该模式能够使灰色图像的阴影或轮廓透过着色的颜色显示出来产生某种色彩的效果。这样可以保留图像中的灰阶，并且对于单色图像着色都会非常有用。图 2.5.5 显示了颜色模式的效果。

图 2.5.5 "颜色"模式的效果对比

5. 滤镜：模糊—高斯模糊

高斯模糊是按指定的值快速模糊选中的图像部分，产生一种朦胧的效果。调节模糊半径范围是 0.1 到 250 像素，效果如图 2.5.6 所示。

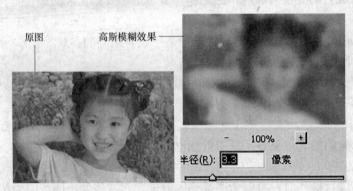

图 2.5.6 "高斯模糊"效果对比

三、操作指南

(1) 打开照片素材。启动 Photoshop CS3，进行其工作界面后，执行"文件"│"打开"(Ctrl+O)命令，在弹出的"打开"对话框中，选择照片素材文件，效果如图 2.5.1 所示的图像。

(2) 对嘴唇放大。选取工具箱中的缩放工具 🔍，在缩放工具的属性选项栏中选择放大工具 🔍，用鼠标在照片中的嘴唇位置拖动，对嘴唇进行放大，效果如图 2.5.7 所示。

(3) 建立选区。选取工具箱中的多边形套索工具 ⋎，选择嘴唇的边缘，建立如图 2.5.8 所示的选区。

(4) 图层填充。转换到"图层"面板，单击新建图层按钮 ⬜，建立"图层 1"，将当前操作层设置为"图层 1"，将前景色设置为红色，用红色对选区进行填充，效果如图 2.5.9 所示。

48

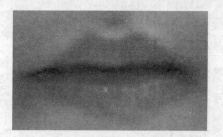

图 2.5.7　放大的局部图像

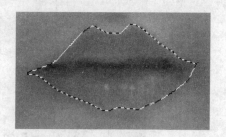

图 2.5.8　选区

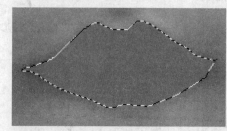

图 2.5.9　填充与图层效果

(5) 图层的调整。将"图层 1"的图层混合模式设置为"颜色",调整"图层 1"的"填充透明度",取消选区,得到如图 2.5.10 所示的效果。

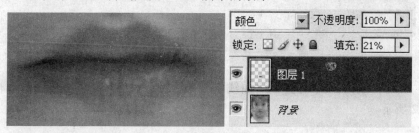

图 2.5.10　嘴唇与图层效果

(6) 脸颊选区的建立。选择工具箱中的套索工具 ⌒,将其属性选项栏中的羽化参数设置为"5",在脸颊上选择如图 2.5.11 所示的选区。

(7) 选区填充。转换到"图层"面板,单击面板下方的新建图层按钮 ⬚,建立"图层 2",将当前操作图层切换为"图层 2",将前景色设置为红色,用红色对选区进行填充,效果如图 2.5.12 所示。

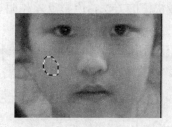

图 2.5.11　脸颊选区

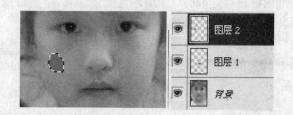

图 2.5.12　填充与图层效果

(8) 取消选区,设置当前操作层为"图层 2",执行"滤镜"|"模糊"|"高斯模糊"命令,设置适当的参数,调节"图层"面板中的"填充不透明度"得到如图 2.5.13 所示的效果。

49

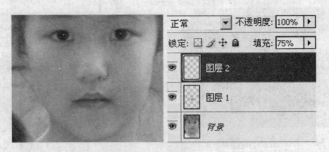

图 2.5.13　脸颊与图层效果

(9) 复制"图层 2",得到"图层 2 副本",用移动工具 将"图层 2 副本"移动到另一边的脸颊上,效果如图 2.5.14 所示。

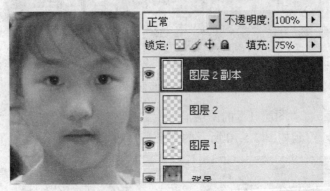

图 2.5.14　最终效果

(10) 曲线调整。执行"图像" | "调整" | "曲线"命令,对图像进行调整,将图像调整亮一点,效果如图 2.5.2 所示。

四、案例小结

通过本案例的学习,掌握套索工具、多边形套索工具等的操作,学会运用颜色模式、高斯模糊进行适当的效果处理。

五、案例拓展

本案例采用了套索工具与多边形套索工具对一些不规则的选区进行选取,对于一些色彩反差较大的图像进行选取时,使用磁性套索工具 是最简单最快捷的方法,色彩反差越明显,使用磁性套索工具选区越精确。

磁性套索是一种具有可识别边缘的套索工具。可在图像中选出不规则的但图形颜色和背景颜色反差较大的图形。选中按钮,任务栏也就相应的显示为磁性套索工具的属性选项,如图 2.5.15 所示。

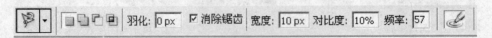

图 2.5.15　磁性套索工具选项栏

宽度:用于设置"磁性套索工具"在选取时的选区边缘探测距离。其数值在 1 像素~40 像素之间,数值越小探测越精确。

对比度：用于设置套索对于选取边缘反差的敏感度。设置范围在 1%～100%之间，数值越大选取范围越精确。

频率：用于设置选取时节点的连接速率。可输入 1～100 之间的数值，数值越高产生的节点越多，图 2.5.16 显示了不同频率值产生的选取效果。

(a)　　　　　　　　　　　　　(b)

图 2.5.16　不同频率产生的效果

(a) 频率 35；(b) 频率 70。

钢笔压力：用于设置绘图板的画笔压力，该选项只有安装了绘图板及其驱动程序才可选。

磁性套索工具的使用方法是鼠标移到图像上单击选取起点，然后沿图形边缘移动鼠标无需按住鼠标，回到起点时会在鼠标的右下角出现一个小圆圈，表示区域已封闭，此时单击鼠标即可完成此操作。"Delete"键和"Alt"键的操作和套索一样。

如利用磁性套索工具给定的图像换背景。效果如图 2.5.17 所示。

图 2.5.17　换背景效果

六、实训练习

根据给定的素材制作如图 2.5.18 所示的效果。

图 2.5.18　效果图

【案例6】 证件照片制作

本案例的目的是利用裁剪工具对图像进行适当的裁剪，对裁剪的图像利用钢笔工具进行抠图，并使用各路径修整工具进行调整，使选择的区域精确，最后利用模糊工具对抠出的图像进行处理，以显示图像的清晰。主要技术有钢笔工具、裁剪工具、模糊工具、锐化工具、橡皮擦工具等。

一、案例分析

图 2.6.1 所示为原图，图 2.6.2 所示为效果图。

图 2.6.1　原图

图 2.6.2　效果图

在本案例的制作过程中，主要注意以下几个环节。

(1) 在建立路径时，节点要适当，太多不好调整，太少不精确。

(2) 在编辑路径时，要细心、耐心，确保选区的精确。

(3) 裁剪时要注意宽与高的比较。

(4) 模糊工具与橡皮擦工具运用要适当。

二、技能知识

本案例主要介绍钢笔工具、自由钢笔工具、添加锚点工具、删除锚点工具、转换点工具、裁剪工具、模糊工具、锐化工具、橡皮擦工具等。

1. 钢笔工具

钢笔工具 ✍ 的主要作用是绘制路径。利用钢笔工具可以绘制出多个点连接而成的直线或曲线。选择工具箱中的钢笔工具，则钢笔工具的属性选项栏如图 2.6.3 所示。

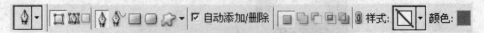

图 2.6.3　钢笔工具属性选项栏

形状图层 ▱：选择此按钮，会在绘制路径的同时，建立一个形状图层，创建路径内的区域将被填入前景色。

路径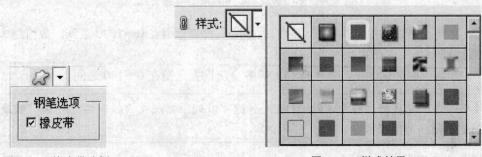：选择此按钮，只给出工作路径，而不会同时创建一个形状图层。

填充像素□：选择此按钮，直接在路径内的区域填入前景色。

在选择"钢笔工具"状态下，单击 这个按钮的小三角，则会弹出如图 2.6.4 所示的选项框，当选择"橡皮带"时，在图像上单击后移动光标，将在单击处与移动的光标之间出现一条虚拟的线，再次单击鼠标后，这条线才会被确定下来。

自动添加/删除：选择此复选框，将光标在已有的路径上单击，可以在路径上的点击处增加一个锚点，而将光标在已有的锚点上单击，可以将此锚点删除，如果没有选择此复选框，将光标在路径上单击不能实现增加或删除锚点的功能。

样式：单击其右边的箭头可弹出一个如图 2.6.5 所示的面板，从中可以选择一种样式，以便在绘制路径时，将选中的样式应用于路径中。

图 2.6.4　橡皮带选框　　　　　　　　　　图 2.6.5　样式效果

颜色：单击"颜色"选项，会弹出"颜色拾色器"对话框，这时可以选择一种前景颜色。

2. 自由钢笔工具

"自由钢笔工具" 与"钢笔工具"的功能基本一样。两者的区别在于：自由钢笔工具不是通过建立锚点创建路径，而是通过绘制曲线创建路径。自由钢笔工具通过在光标所经之处生成路径锚点和曲线，可以非常自由地绘制出曲线路径，就像使用"画笔工具"绘制曲线一样。自由钢笔属性选项栏如图 2.6.6 所示。

图 2.6.6　自由钢笔工具属性选项栏

磁性的：选中该复选框，"磁性钢笔工具"被激活，表示此时的"自由钢笔工具"具有磁性，可以自动跟踪图像中物体的边缘，其功能与"磁性套索工具"基本相同，区别在于使用"磁性钢笔工具"生成的是路径，而不是选区。

在选择自由钢笔工具状态下，单击其选项栏中三角形的"工具选项"按钮，会弹出一个选项卡，如图 2.6.7 所示，具体功能如下。

曲线拟合：用于控制路径的灵敏度，数值设置范围在 0.5～10 像素之间，数值越小，形成的锚点越多，生成的路径越与物体贴切，反之，数字越大，形成的锚点越少，效果如图 2.6.8 所示。

磁性的：定义"磁性钢笔工具"的检索范围。

宽度：以像素为单位确定线的宽度，设置范围在 1～256 像素之间。

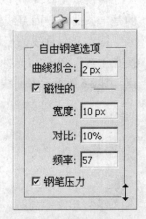

图 2.6.7　自由钢笔选项卡

(a)   (b)

图 2.6.8   不同曲线拟合对比

(a) 曲线拟合：1 像素；(b) 曲线拟合：5 像素。

对比：定义"磁性钢笔工具"的边缘的敏感度，设置范围在 0～100% 之间，数值越大，选取的范围越精确。

频率：控制"磁性钢笔工具"生成锚点的多少，设置范围在 0～100 之间。

> 使用技巧：在移动鼠标过程中，按"Delete"键可以删除锚点或曲线，按"Enter"键或双击可以创建未闭合的路径。

3. 添加锚点工具

添加锚点工具 🖋⁺ 可以在现有的路径上增加锚点。要在路径上增加一个锚点，可在选中该工具后，将光标移至图像中的路径上(注意不要移到锚点上)，当钢笔工具光标的右下角出现一个"+"符号时，单击鼠标即可。

4. 删除锚点工具

删除锚点工具 🖋⁻ 可以在现有的路径上删除锚点。要在路径上删除一个锚点，可在选中该工具后，将光标移至图像中的锚点上，当钢笔工具光标的右下角出现一个"-"符号，单击鼠标即可。

> 使用技巧：如果在使用"添加锚点工具"或"删除锚点工具"的情况下按下"Alt"键，则可在这两个工具间实现功能切换。

5. 转换点工具

转换点工具 ⌐ 可以在平滑曲线转折点和直线转换点之间进行转换。平滑曲线转折点所连接的是一条曲线，而直线转折点连接的是一条直线。

锚点分为直线锚点和曲线锚点。使用"转换点工具"可以实现两者之间的转换：选中"转换点工具"，然后将光标移至图像中曲线路径的锚点上单击，即可将曲线锚点转换为一个直线锚点，图 2.6.9 所示为曲线锚点向直线锚点的转换效果。如果将光标移至图像中直线路径的锚点上

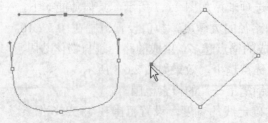

图 2.6.9   曲线锚点向直线锚点的转换

单击并拖动，即可将直线锚点转换为一个曲线锚点，图 2.6.10 所示为直线锚点向曲线锚点的转换效果图。

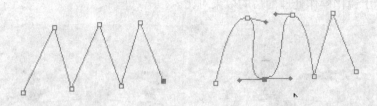

图 2.6.10　直线锚点向曲线锚点的转换

6. 裁剪工具

在实际的工作中，经常会用到图像的裁剪，可以用工具箱中的裁剪工具 ⬚ 来修剪图像，裁剪工具的属性选项栏如图 2.6.11 所示。

图 2.6.11　裁剪工具属性选项栏

在选项栏中可分别输入裁剪"宽度"和"高度"值，并输入所需的"分辨率"。不管画出的裁剪框有多大，当确认后，最终的图像大小都与选项栏中的所定的尺寸及分辨率一样。也可以让这些数值框保持空白，使用裁剪工具进行裁剪后，尺寸将和拖拉的裁剪框相同，并保持原来的分辨率。

如果想知道当前图像的大小及分辨率，可用鼠标单击"前面的图像"按钮，数据框中就会显示当前图像的大小及分辨率。单击"清除"按钮，就可以将数据框中的数字清除掉。

当使用裁剪工具画完裁剪框架以后，其选项栏转换成如图 2.6.12 所示的样子，说明当前图像只有一个背景层，可在图层面板中将背景层转换成普通图层。

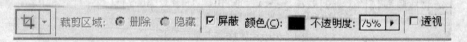

图 2.6.12　背景图层的裁剪属性选项

7. 模糊工具和锐化工具

模糊工具 💧 和锐化工具 △ 常用于图像细节的修饰。模糊工具使图像变得模糊来突出清晰的局部。锐化工具可提高软边缘的清晰度或聚集程度。模糊工具和锐化工具具有相同的属性选项栏如图 2.6.13 所示。

图 2.6.13　模糊工具和锐化工具属性选项栏

画笔：在此下拉列表中可以选择一个画笔。此处选择的画笔越大，图像被模糊或锐化的区域也就越大。

模式：在此下拉列表框可以选择操作时的混合模式，它的效果与图层混合模式相同。

强度：设置此数值框中的数值，可以控制模糊和锐化工具操作时画笔的压力值，数值越大，一次操作得到的模糊效果越明显。

对所有图层取样：选择此选项，将使模糊和锐化工具的操作应用于图像的所有图层，否则操作效果只作用于当前图层中。图 2.6.14 显示了使用模糊和锐化操作处理前后的效果对比，图 2.6.15 显示了使用锐化操作处理前后的效果对比。

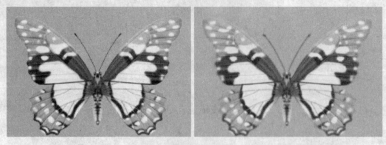

图 2.6.14　边缘模糊前后效果对比

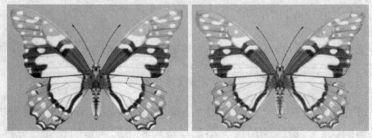

图 2.6.15　边缘锐化前后效果对比

8. 橡皮擦工具

橡皮擦工具 在图像中拖动即可擦掉拖动区域的像素。擦除背景层中的内容时，被擦除的区域将填充为背景色；擦除背景之外的其他图层中的内容时，被擦除的区域变为透明。橡皮擦工具属性选项栏如图 2.6.16 所示。

图 2.6.16　橡皮擦工具选项栏

模式：在此下拉列表中选择擦除时的模式，包括画笔、铅笔和块 3 种模式。

不透明度：此数值框的数值用于设置擦除画笔的不透明度。如果数值低于 100%，则擦除后不会完全去除被操作区域的像素。

流量：与前面画笔工具中的用法一样。

抹到历史记录：选中该复选框进行擦除时，系统不再以背景色或透明填充被擦除的区域，而是以历史面板中选择的图像覆盖当前被擦除的区域。

三、操作指南

(1) 打开照片素材。启动 Photoshop CS3，进入其工作界面后，执行"文件"|"打开"(Ctrl+O) 命令，在弹出的"打开"对话框中，选择照片素材文件，效果如图 2.6.1 所示。

(2) 裁剪图像。选择工具箱中的裁剪工具 ，在其属性选项栏中设置好相应的参数，在通常的证件照片中，证件照片是 1 寸或 2 寸的照片，其宽度与高度的比例可以近似为 1：1.5，所以，在裁剪工具属性宽与高比例设置为 1：1.5，其裁剪效果如图 2.6.17 所示。在属性栏中单击"确认"键 ，得到如图 2.6.18 所示的效果。

图 2.6.17 裁剪效果　　　　　　　　　　图 2.6.18 裁剪后的图像

(3) 建立路径。选择工具箱中的钢笔工具 ，在其属性选项栏中选择路径选项 ，沿着照片的边缘建立路径。创建后的效果如图 2.6.19 所示。

(4) 路径编辑。选取工具箱中的缩放工具对图像的局部区域进行适当的放大，在放大的局部区域中采用路径编辑工具(钢笔工具 ，添加锚点工具 ，删除锚点工具 ，转换工具)对路径图像的边缘进行调整，让路径与照片的边缘更精确，效果如图 2.6.20 所示。

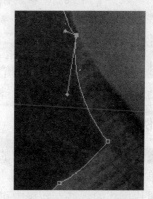

图 2.6.19 路径的建立　　　　　　　　　图 2.6.20 路径的编辑

(5) 路径转换选区。将操作面板转换到"路径"面板，单击将路径作为选区载入按钮 ，则原来的路径转换成选区，效果如图 2.6.21 所示。

(6) 复制图层。将当前操作面板转换到"图层"面板，执行"图层"|"新建"|"通过拷贝图层"命令，则选区图像复制，生成一个新的"图层 1"。

(7) 背景层制作。单击"图层"面板下方创建新图层按钮 ，新建"图层 2"，将前景色设置为蓝色，用前景色对"图层 2"进行填充。调整图层顺序，图层顺序如图 2.6.22 所示。

图 2.6.21 选区　　　　　　　　　　图 2.6.22 复制图层

(8) 图像修整。选择工具箱中的橡皮擦工具 ✐，将当前操作层选择为"图层 1"，用橡皮擦工具对图像中多余的区域进行适当的删除，效果如图 2.6.23 所示。

(9) 边缘模糊。选取工具箱中的模糊工具 ◌，对复制的图像的边缘进行模糊，让图像与背景更加协调，最终效果如图 2.6.24 所示。

图 2.6.23　修整后照片　　　　　　　图 2.6.24　最终效果

四、案例小结

通过本案例的学习，掌握钢笔工具的使用，裁剪工具的运用，熟悉自由钢笔的相关操作，灵活适当地使用模糊工具与橡皮擦工具。

五、案例拓展

本案例中，对复杂背景图像的选取采用了路径工具制作单寸证件照片的制作。这里进行拓展设计单寸证件照片的冲印样版，则还要进行相关的调整。

从照片尺寸的规格参数表中可以看出，1 寸照片冲印需要制作成有 8 张 1 寸合成一版进行冲洗；2 寸照片冲洗要制作成 4 张 2 寸合成一版进行冲洗。

对于本案例制作好的证件照片，进行调整制作成图 2.6.25 所示的 1 版 1 寸照片冲印，图 2.6.26 所示为 1 版 2 寸照片冲印。

图 2.6.25　1 寸冲洗板　　　　　　　图 2.6.26　2 寸冲洗板

操作提示：

将本案例中制作好的证件照片裁剪成尺寸为 1 寸和 2 寸大小，进行图层的复制与位置调整即可。照片的尺寸规格如表 2-1 所列。

表 2-1　照片尺寸的规格像素表

照片规格	英寸	毫米/mm	照片最低像素值		
			较好	一般	较差
1寸(每版8张)	1×1.5	27×38	300×200		
2寸(每版4张)	1.3×1.9	35 ×45	400×300		
5寸	3.5×5	89×127	800×600	640×480	
6寸	4×6	102×152	1024×768	800×600	640×480
7寸	5×7	127×178	1280×960	1024×768	800×600
8寸	6×8	203×152	1536×1024	1280×960	1024×768
10寸	8×10	203×254	1600×1200	1536×1024	1280×960
12寸	9×12	254×305	2048×1536	1600×1200	1536×1024
14寸	10×14	254×351	2400×1800	2048×1536	1600×1200
15寸	10×15	254×381	2560×1920	2400×1800	2048×1536
16寸	12×16	305×406	2568×2052	2560×1920	2400×1800
18寸	13.5×18	342×457	3072×2304	2568×2052	2560×1920
20寸	15×20	381×508	3200×2400	3072×2304	2568×2052
24寸	18×24	457×609	3264×2448	3200×2400	3072×2304

六、实训练习

利用所学工具制作如图 2.6.27 所示的图像。

图 2.6.27　效果图

【案例7】　照片的修正

本案例的目的是利用图像的修复工具、污点修复画笔工具、修补工具对照片中的不足之处进行适当的修补，再利用仿制图章、图案图章与颜色替换工具进行修饰。主要应用到图案图章工具、颜色替换工具、修补工具、仿制图章工具、污点修复工具等。

一、案例分析

图 2.7.1 所示为素材 1，图 2.7.2 所示为素材 2，图 2.7.3 所示为素材 3，效果图如图 2.7.4 所示。

图 2.7.1　素材 1　　　　　　　　　　　图 2.7.2　素材 2

图 2.7.3　素材 3　　　　　　　　　　图 2.7.4　效果图

在本案例的制作过程中，主要注意以下几个环节。

(1) 在进行斑点去除时，画笔不宜过大，过大了会使亮度与对比度失调。

(2) 在斑块修复时，要在离斑块最近的区域取样，这样图像的效果比较完善，要注意多选取样。

(3) 利用仿制图章进行复制时，要注意图像的大小比例。

二、技能知识

本案例主要介绍修复画笔工具、污点修复画笔工具、修补工具、仿制图章工具、图案图章工具、变换图像、颜色替换工具。

1. 修复画笔工具

修复画笔工具 用于选取图像中的"好"区域来修复"不好"的区域，即修复图像中的缺陷，并且能够使修复的结果自然融入周围的图像，其属性选项栏如图 2.7.5 所示。

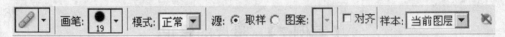

图 2.7.5　修复工具属性选项栏

画笔：在弹出式面板中可以设置圆形画笔的若干选项，有关"直径"、"硬度"、"间距"、"角度"和"圆度"选项的详细信息。

模式：功能与图案模式类似，具有正常、替换、正常叠底、滤色、变暗、变亮、颜色、明度。

取样：用取样区域的图像修复需要改变的区域。

图案：用图案修复需要改变的区域。

对齐：连续对像素进行取样，即使释放鼠标按钮，也不会丢失当前取样点。如果取消选择"对齐"，则会在每次停止并重新开始绘制时使用初始取样点中的样本像素。

60

样本：在此下拉列表框中，可以选择定义原图像时所选取的范围。其中包括"当前图层"、"当前和下方图层"以及"所有图层"三个选项。

忽略调整图层按钮 ：在"样本"下拉列表框中选择"当前和下方图层"或"所有图层"时，该按钮将被激活。单击该按钮后将在定义原图像时忽略图层中的调整图层。

使用方法是：先取一个源点，然后再点击要修改的地方。它可以将取样点的像素信息自然融入到复制的图像位置，并保持其纹理、亮度和层次。

2. 污点修复画笔工具

污点修复画笔工具 可以用于去除照片中的杂色与污斑，此工具与修复画笔工具非常相似，但不同的是使用此工具的方法。

使用此工具不需要进行采样操作，只须用此工具在图像中有杂色或污斑的地方单击一下即可去除此处的杂色或污斑，这是由于 Photoshop 能够自动分析单击处图像的不透明度、颜色与质感从而进行自动采样，最终完美地去除杂色或污斑。

3. 修补工具

修补工具 是将图像中所需要的部分选择并移动到需要覆盖的区域，类似于现实生活中的植皮术，且 Photoshop CS3 能将移植过来的部分图像与该区域原图像很好地融合为一体。修补工具会将样本像素的纹理、光照和阴影与图像进行匹配。其属性选项栏如图 2.7.6 所示。

图 2.7.6　修补工具的属性选项栏

使用方法：首先确定修补的区域，可以直接使用修补工具在图像上拖出圈选区域，然后使用修补工具在选区内按住鼠标拖拉，将该选区拖动到另外的区域，松开鼠标，原来圈选的区域就被拖动到的区域内容取代了。

选中"源"选项，则原来圈选的区域内容被移动到的区域内容所替代。如果选择"目的"选项，则需要将目的选区拖动到需要修补的区域。图 2.7.7 显示了两种不同的效果。

(a)　　　　　　　　　　　　(b)　　　　　　　　　　　　(c)

图 2.7.7　修补效果对比

(a) 原图；(b) 选择"源"；(c) 选择"目标"。

当使用任何一种工具创建完选区后，单击"使用图案"按钮变成可选项，单击"使用图案"按钮，可以使图案中的选区被填充上所选择的图案。

使用技巧：在使用修补工具时，也可以使用其他选择工具制作一个精确的选区，然后选择修补工具拖动选区到无瑕的图像上，使图像处理得更完美。

4. 仿制图章工具

仿制图章工具  用于图像中对象的复制，利用它可以将要复制的对象原封不动地复制一个或多个。仿制图章工具属性选项栏如图 2.7.8 所示。

图 2.7.8　仿制图章选项栏

不透明度/流量：与前面画笔工具中的用法一样。

对齐：在此复选框被选中的状态下，整个取样区域仅应用一次，即使操作由于某种原因而停止，再次继续使用仿制图章工具进行操作时，仍可从上次结束操作时的位置开始；反之，如果未选中此复选框，则每次停止操作后再继续绘画时，都将从初始参考点位置开始应用取样区域。

样本：从指定的图层中进行数据取样。要从现用图层及其下方的可见图层中取样，选择"当前和下方图层"。要从现用图层中取样，选择"当前图层"。要从所有可见图层中取样，选择"所有图层"。要从调整图层以外的所有可见图层中取样，选择"所有图层"，然后单击"取样"弹出式菜单右侧的忽略调整图层按钮。

取样方法：按住"Alt"键在图像上单击一个十字形表明取样位置，并且和仿制图章工具相对应，拖动鼠标就会将取样位置的图像复制下来。如果不选择"对齐"选项，复制过程中一旦松开鼠标，就表示这次的复制工作结束，当再次按下鼠标时，表示复制重新开始，每次复制都从取样点开始；如果选中该选项，则下一次复制的位置会和上一次的完全相同，图像的复制不会因为终止而发生错位。图 2.7.9 显示了选中对齐与不选对齐的两种效果对比。

图 2.7.9　仿制图章的"对齐"效果对比

5. 图案图章工具

图案图章工具 的设置选项与仿制图章工具相似，不同的是图案图章工具是用一个自定义或预设的图案来覆盖制作区域。

6. 变换图像

变换图像针对的是图层或选中的图像，可以对其进行缩放、倾斜、旋转、翻转和扭曲等操作。

1) 缩放图像

执行"编辑"|"变换"|"缩放"命令，可以对图层图像或选区的图像进行放大或缩小。图 2.7.10 显示了缩放的效果。

2) 旋转图像

执行"编辑"|"变换"|"旋转"命令,可以根据需要对图层图像或选区的图像进行一定角度的旋转。图 2.7.11 显示了缩放的效果。

图 2.7.10　缩放对比

图 2.7.11　旋转图像

3) 斜切图像

执行"编辑"|"变换"|"斜切"命令,可以根据需要对图层图像或选区的图像在光标移动的方向上进行斜切变形。图 2.7.12 显示了缩放的效果。

4) 翻转图像

执行"编辑"|"变换"|"顺时针旋转 90°"、"逆时针旋转 90°"、"180°旋转"、"水平翻转"、"垂直翻转"等,可以根据需要对图像进行适当的翻转。图 2.7.13 显示了几种不同角度的翻转效果。

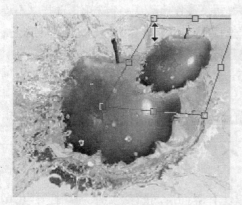

图 2.7.12　斜切效果

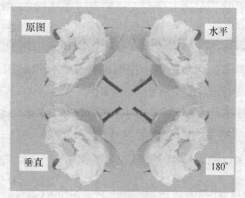

图 2.7.13　各方向旋转效果

5) 扭曲图像

扭曲图像是应用非常频繁的一类变换操作。通过变换操作,可以使图像在任何一个控制柄处发生变形。执行"编辑"|"变换"|"扭曲"命令后,出现控制框,将光标移动到变换控制框附近或控制柄上,当光标变为箭头形状时拖动,即可使图像发生拉斜变形,效果如图 2.7.14 所示。

6) 透视图像

执行"编辑"|"变换"|"透视"命令,可以使图像获得透视效果如图 2.7.15 所示。

7. 颜色替换工具

颜色替换工具 ![icon] 用于更改图像颜色。此工具依据所设置的前景色更改被涂抹区域的颜色,其属性选项栏如图 2.7.16 所示。

图 2.7.14 扭曲效果

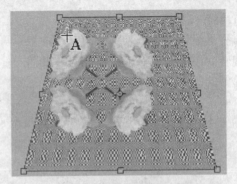
图 2.7.15 透视效果

图 2.7.16 颜色替换工具属性选项栏

模式：在该下拉列表框中可以选择替换图像颜色时的方式。例如，本案例中用来更换人物衣服的颜色，则选择"颜色"即可。

连续采样颜色：单击该按钮后，颜色替换工具将利用画笔中心的十字光标连续进行颜色采样，被采样到的颜色将被前景色替换。

仅采样一次颜色：单击该按钮后，颜色替换工具仅对第一次单击时十字光标采样到的颜色进行颜色替换。

采样背景色：单击该按钮后，颜色替换工具将以背景色为采样颜色进行颜色替换。

限制：在此下拉列表框中有"不连续"、"连续"和"查找边缘"3 个选项。选择"不连续"选项则替换所有画笔光标内的颜色；选择"连续"选项则仅替换画笔十字光标附近的颜色；选择"查找边缘"选项则在保留图像边缘的情况下进行替换颜色。

容差：此数值用于控制进行颜色替换时的范围。数值越小则容差越小，当数值为 1%时则只替换与采样色完全相同的颜色。

注意：这是 Photoshop CS3 新增的功能，在以前的版本中没有。在以前的版本中可以用"图像"|"调整"|"颜色替换"代替此功能。

三、操作指南

(1) 打开照片素材。启动 Photoshop CS3，进行其工作界面后，执行"文件"|"打开"(Ctrl+O)命令，在弹出的"打开"对话框中，选择照片素材文件，效果如图 2.7.1～图 2.7.3 所示。

(2) 左脸颊上斑点的去除。选择工具箱中的污点修复工具 对左边脸颊上的斑点单击，则脸颊上的斑点被去除了。效果如图 2.7.17 所示。

图 2.7.17 斑点去除对比

(3) 右脸颊斑块的去除。选取工具箱的修复工具 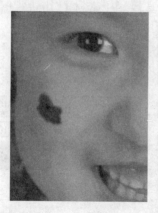，在斑块周围选取适当的样本，单击斑块进行修复。修补效果如图 2.7.18 所示。

图 2.7.18　斑块的去除对比

(4) 手臂上字的去除。选择工具箱中的魔棒工具 ，在其属性选项栏中选择"添加到选区" 与连续复选框选中 连续，对手臂上的字进行选取，效果如图 2.7.19 所示。

(5) 扩展选区。执行"选择"I"修改"I"扩展选区…"命令，输入适当的参数，得到如图 2.7.20 所示的效果。

图 2.7.19　建立选区

图 2.7.20　扩展选区

(6) 修补。选取工具箱中的修补工具 ，将其属性选项栏设置为"源"，拖动选区到附近的区域，效果如图 2.7.21 所示。不断地移动，直到文字全部消失。

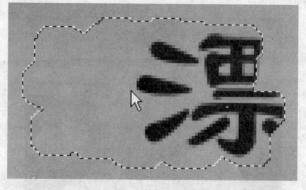
图 2.7.21　修补效果

(7) 仿制图章取样。打开"素材2",选择工具箱中的仿制图章工具，在其属性选项栏中选择"对齐",按住"Alt"键,对人物的脸部进行取样。

(8) 复制图像。选择"素材1",用仿制图章工具在"素材1"上进行擦除,效果如图2.7.22所示。

图2.7.22　复制效果　　　　　　　　　图2.7.23　图层效果

(9) 复制"素材2"。选择"素材2",将"素材2"的背景层拖到"新建图层"按钮上,对"素材2"的背景层进行复制,得到"背景副本",执行"编辑"|"变换"|"水平翻转"命令,则"背景副本"被翻转,图层效果如图2.7.23所示。用同样的方法对"背景副本"图层进行取样,并复制到"素材1",最终效果如图2.7.24所示。

(10) 替换衣服颜色。将前景色设置为粉红色,选择工具箱中的颜色替换工具，单击照片中的衣服,则照片中的衣服颜色则转变为粉红色,效果如图2.7.25所示。

图2.7.24　复制后的效果　　　　　　　图2.7.25　颜色替换效果

(11) 复制荷花。选择"素材3",利用仿制图章工具对其进行复制,效果如图2.7.26所示。

图2.7.26　最终效果

四、案例小结

通过本案例学习，要求熟悉图像修补和各种工具的实际应用，掌握修复画笔工具、污点修复工具、修补工具、仿制图章、图案图章工具、图像变换、颜色替换等的操作。

五、案例拓展

本案例是利用各种修补工具对图像进行修整，如果照片是在夜晚拍摄的，有时会在照片上出现红眼，虽然当前的数码相机大多数具有了去红眼功能，但仍然有许多以前拍摄的照片带有红眼。如果想去掉这些红眼，可以利用红眼工具。红眼工具 属性选项栏如图 2.7.27 所示。

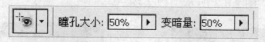

图 2.7.27　红眼工具属性选项栏

瞳孔大小：用于设置瞳孔的大小。

变暗量：用于设置瞳孔变暗的程序。

注意此工具的适用模式，适用于 RGB 与 LAB 模式。直接点击红眼就行。如图 2.7.28 所示为红眼效果对比。

图 2.7.28　红眼效果对比

六、实训练习

利用所给练习素材制作如图 2.7.29 所示的图案。

图 2.7.29　效果图

【案例8】 五彩的荷花

本案例的目的是利用"历史记录"面板中的快照工具对历史记录中的关键记录进行保存，再利用历史记录画笔进行艺术设计。主要技术有历史记录画笔、快照工具、历史记录艺术画笔工具、颜色替换工具、涂抹工具等。

一、案例分析

图 2.8.1 所示为原图，图 2.8.2 所示为效果图。

图 2.8.1　原图

图 2.8.2　效果图

在本案例的制作过程中，主要注意以下几个环节。

(1) 在进行颜色替换时，要注意颜色替换工具的中心点的位置，不要将花朵以外的颜色进行替换。

(2) 建立快照时，要有选择地建立，建立过多，会觉得太乱。

(3) 在用历史记录画笔涂抹时，要选择合适大小的画笔。

二、技能知识

本案例中主要介绍历史记录、快照工具、历史画笔工具与历史记录艺术画笔工具。

1. 使用"历史记录"

在 Photoshop 中，纠正错误的方法有三种。

(1) 执行"编辑"|"返回"命令回复到上步操作，继续选择"编辑"|"返回"命令可以连续向前返回。

(2) 使用快捷操作，按"Ctrl+Z"组合键返回到上一步操作，但只返回一步，再按"Ctrl+Z"组合键又返回到当前操作。若要连续向前返回，按"Ctrl+Alt+Z"组合键，返回之后若想再向前恢复操作可按"Ctrl+Shift+Z"组合键。

(3) 使用"历史记录"面板纠错。"历史记录"面板的功能也是纠错，而且纠错功能更丰富、强大，不仅能够通过直观的显示回退到操作列表中的任何一个操作步骤，还可以将某步骤以快照的形式保存，以便于设计师对比多个不同的效果。其面板如图 2.8.3 所示。

删除历史记录，可以将历史状态栏选项拖动至"删除"按钮 🗑 上，即可删除选中的历史状态，与之相关的图像编辑状态也将被丢弃。单击"历史记录"面板右上角的三角形按钮 ▾☰，在

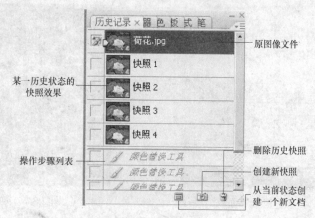

原图像文件

某一历史状态的
快照效果

操作步骤列表

删除历史快照

创建新快照

从当前状态创
建一个新文档

图 2.8.3　历史记录面板

弹出的菜单中选择"清除历史记录"命令，可以清除"历史记录"面板中除当前选项以外的其
他所有状态选项，图像将保持编辑后的状态。

　　注意：删除历史选项或清除历史状态后，立即选择"编辑"｜"返回"命令，可以将删除的
历史记录恢复，但如果在清除图像的历史状态时，按住"Alt"键选择"清除历史记录"命令，
所清除的历史状态将无法使用"返回"命令恢复。默认情况下，"历史记录"面板对当前文件只
保留最近 20 步操作。

2. 快照工具

　　除了直接利用"历史记录"面板的回退功能外，"快照"也是一项常用的功能。使用快照功
能可以在编辑图像的过程中，将某一操作状态保存起来，以方便在需要时进行恢复。快照能够
保存的当前状态包括选区、图层、通道、路径等各种信息。

　　建立快照方法：选择要创建快照的记录，单击"新快照"按钮[图]，则在"历史记录"面板
中出现"快照 1"。

　　注意：快照与历史记录的操作一样，一旦关闭文件后就会随之消失，所以在关闭文件前，
一定要确认选择了正确的快照，以免出现不必要的问题。

3. 历史画笔工具

　　历史画笔[图]属于恢复工具，需配合历史面板使用。但和历史面板相比历史记录画笔的使
用更方便，而且具有笔刷的性质。其属性选项与画笔属性选项一样。

　　方法：打开一个素材，如图 2.8.4 所示，执行"滤镜"｜"模糊"｜"高斯模糊"命令，则出现
如图 2.8.5 所示的效果，选择工具箱中的历史记录画笔，将画笔放置"历史记录"面板中如图 2.8.6
所示的位置，调整画笔的大小，在图像中的适当位置进行涂抹，则出现如图 2.8.7 所示的效果。

图 2.8.4　原图

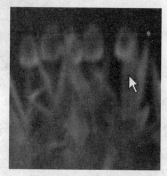

图 2.8.5　模糊的效果图

图 2.8.6 "历史记录"面板   图 2.8.7 效果

4. 历史记录艺术画笔工具

历史记录艺术画笔工具 ，使用方法同历史画笔工具一样。其属性选项栏如图 2.8.8 所示。

图 2.8.8 历史记录艺术画笔属性选项栏

该选项栏包括：笔刷，模式，不透明度，样式，区域，容差。

画笔、模式、不透明度的用法同前面基本相同，这里就不再详细介绍了。

样式：使用历史记录艺术画笔的绘画样式。其中包括：绷紧短，绷紧中，绷紧长，松散中，松散长，绷紧卷曲，绷紧卷曲长，松散卷曲，松散卷曲长，轻涂。

区域：历史画笔的感应范围。

容差：复原图像与原图相近的程度。数值范围为 0～100%。数值越大与原图越接近。

对上述操作选用"历史记录艺术画笔"，在其选项栏样式中选"松散卷曲"则效果如图 2.8.9 所示。

图 2.8.9 松散卷曲效果

三、操作指南

(1) 打开照片素材。启动 Photoshop CS3，进入其工作界面后，执行"文件"丨"打开"(Ctrl+O) 命令，在弹出的"打开"对话框中，选择照片素材文件，效果如图 2.8.1 所示的图像。

70

（2）颜色替换。选择工具箱中的颜色替换工具 ，将前景色设置为天蓝色 RGB(165，255，250)，选中荷花的花朵，在上面涂抹，效果如图 2.8.10 所示。

（3）制作快照。进行"历史记录"面板，单击"新快照"按钮 📷，则在"历史记录"面板中出现"快照 1"，效果如图 2.8.11 所示。同样的方法制作如图 2.8.12 所示的另外三种颜色的历史快照，三种颜色分别为 RGB(42，26，246)、RGB(255，231，100)、RGB(255，112，250)。

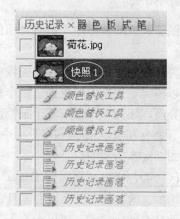

图 2.8.10　蓝色荷花　　　　　　　　　　　　　图 2.8.11　快照效果

图 2.8.12　三种不同颜色的快照效果

（4）历史记录画笔应用。选取工具箱中的历史记录画笔 🖌️，将画笔的大小调整为合适的大小，将历史记录画笔的源设置在红色荷花的快照上，用历史记录画笔在花朵上涂抹。效果如图 2.8.13 所示。同上述方法一样，不断地移动历史记录画笔的源调整到其余的快照上，在适当的位置涂抹，最终效果如图 2.8.14 所示。

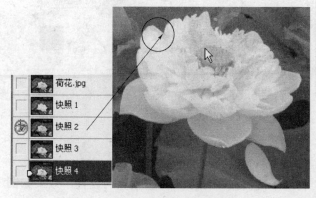 

图 2.8.13　历史记录画笔的效果　　　　　　　　　图 2.8.14　五彩的荷花

四、案例小结

通过本案例的学习，学会使用快照工具对编辑的图像进行保存，以便后期的修改与对比，掌握历史记录画笔的艺术性效果，并对一些作品进行艺术设计。

五、案例拓展

对图像颜色的调整除了前面介绍的几种方法外，还可以利用图像调整中的颜色替换进行颜色改变。

"替换颜色"命令可以替换图像中某个特定范围的颜色，将所选颜色替换为其他颜色。该命令可以围绕要替换的颜色创建一个暂时的蒙版，并用其他颜色替换区域内图像的色相、饱和度以及亮度，还能在图像中基于某特定颜色来调整色相、饱和度和亮度值，同时具备了与"色彩范围"命令和"色相/饱和度"命令相同的功能。执行"图像"|"调整"|"替换颜色"命令出现如图 2.8.15 所示的对话框。

选区：颜色吸取，用吸管工具 ✐ 单击图像中需要替换的颜色，添加到取样工具 ✐ 连续取色用以增加选区，从取样中减去工具 ✐ 取色用以减少选区，这样得到所要进行修改的选区。调整图像的随意性比较大，可以由个人支配。

颜色：颜色框中显示当前选中的颜色。单击颜色框可以打开"拾色器"进行取色。

颜色容差：设置颜色的差值，与魔术棒的差值一样。数值越大，所取样的颜色范围越大，调整图像颜色的效果越明显。

替换：设定好需要替换的颜色区域后，在"替换"栏中移动三角形滑块对选取区域的"色相"、"饱和度"和"明度"进行调节，类似前面所说的"色相"|"饱和度"命令。

结果：颜色框显示经过调整色相、饱和度、亮度后的颜色，也就是用来替换选取色的颜色。如图 2.8.16 所示，将图像中的颜色进行替换。

图 2.8.15　颜色替换对话框

图 2.8.16　替换颜色

六、实训练习

根据给定的如图 2.8.17 所示的素材，利用本案例技术做改变衣服颜色的设置，效果如图 2.8.18 所示。

图 2.8.17　素材图

图 2.8.18　效果图

【案例 9】　西红柿的制作

本案例的目的是利用 Photoshop CS3 绘图与修饰工具绘制西红柿的效果。主要技术有减淡与加深工具、海绵工具、图像的亮度与对比度调整、路径选择工具、直接选择工具、选区的编辑、滤镜的杂色添加、涂抹工具等。

一、案例分析

图 2.9.1 所示为效果图。

在本案例的制作过程中，主要注意以下几个环节。

(1) 在羽化的时候要注意参数适当。

(2) 在加深与减淡的时候要适当调整画笔大小与涂抹的次数。

(3) 制作凹陷效果的时候要注意适当的重复效果。

二、技能知识

本案例主要介绍减淡工具、加深工具、海绵工具、路径选择工具、直接选择工具、图像的高度与对比度调整、选区的编辑、滤镜杂色的添加。

图 2.9.1　效果图

1. 减淡工具和加深工具

减淡工具 🔍 和加深工具 ✍ 称为色调工具，它采用了调节图片特定区域曝光度的传统摄影技术，可用于使图像区域变亮或变暗。使用减淡工具在图像中拖动可将光标掠过处的图像变亮；反之，使用加深工具则使图像变暗。加深与减淡配合使用为图像添加立体感。减淡与加深工具的属性选项栏如图 2.9.2 所示。

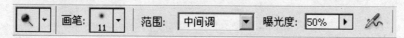
图 2.9.2　减淡与加深工具属性选项栏

画笔：在此下拉列表中可以选择一个画笔。此处选择的画笔越大，图像被减淡与加深的区域也就越大。

73

范围：在此下拉列表框中选择选项，可以定义工具的应用范围。其中有"阴影"、"中间调"及"高光"三个选项，分别用以处理图像中的处于三个不同色调的区域。

曝光度：在该数值框中输入数值或拖动滑块，可以定义使用减淡工具操作时的亮化程序，加深工具的操作时的变暗程序，数值越大效果越明显。

2. 海绵工具

海绵工具 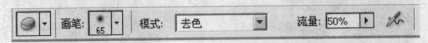 可以精确地更改被操作区域的色彩饱和度。如果图像为灰度模式，则可通过该工具将灰度远离或靠近中间灰色来增加或降低对比度。海绵工具属性选项栏如图2.9.3所示。

图2.9.3　海绵工具属性选项栏

画笔：在此下拉列表中可以选择一个画笔。此处选择的画笔越大，图像被操作的区域也就越大。

模式：在"模式"下拉列表框中选择"加色"选项，可以增加操作区域的饱和度，选择"去色"，可以去除操作区域的饱和度。图2.9.4显示了"去色"与"加色"的对比效果。

流量：在该数值框中输入数值或拖动滑块，可以定义使用海绵工具的压力，数值越大效果越明显。

(a)　　　　　　　　(b)　　　　　　　　(c)

图2.9.4　海绵工具的"去色"与"加色"的效果对比

(a) 原图；(b) 去色；(c) 加色。

3. 图像调整：亮度/对比度

"亮度/对比度"命令用于调整图像的明暗度，可以通过调整数值来控制改变效果。选择"图像" | "调整" | "亮度/对比度"命令，则出现如图2.9.5所示的对话框。

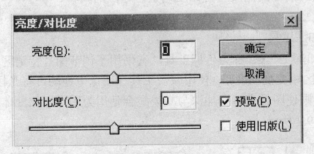

图2.9.5　亮度/对比度对话框

在"亮度/对比度"对话框中，各参数的功能如下。

亮度：用于调整图像的亮度。数值为正时增加图像的亮度，数值为负时减少图像的亮度。

对比度：用于调整图像的对比度。数值为正时增加图像的对比度，数值为负时减少图像的对比度。

注意：这是 Photoshop CS3 中新增的一个选项。可以通过选择此选项，来使用 Photoshop CS3 以前的版本的"亮度/对比度"来调整图像。默认情况下，使用新版的功能进行调整，新版命令在调整图像时，将仅对图像的亮度进行调整，色彩的对比度则保持不变。图 2.9.6 显示了新旧版本的效果对比。

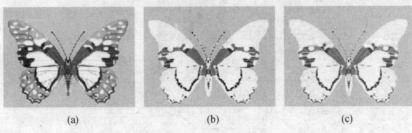

图 2.9.6　新旧版本的"亮度/对比度"对比效果

(a) 原图；(b) 旧版本；(c) CS3 版本。

4. 路径选择工具和直接选择工具

路径选择工具 ▶ 与直接选择工具 ▷ 的功能主要是将路径(包括工作路径、一般路径及形状图层的剪贴路径)全部选取(所有锚点和线段都会被选取)，以方便整体移动、删除、排列以及变形处理。方法是单击需要选择的路径线段并进行拖动或变换操作。

5. 选区的高级编辑操作

对选区可以像对图像一样变换其位置、大小和旋转方向。还可以对选区进行拉斜、扭曲等操作，以得到特殊形状的选区，其操作方法如下。

(1) 建立选区。

(2) 执行"选择" | "变换选区"命令，则出现如图 2.9.7 所示的属性选项栏，对于选区变换各属性栏的使用方法与前面介绍的自由变换功能一样，这里就不再详细介绍。

![变换选区选项栏]

图 2.9.7　变换选区选项栏

注意：变换选区与"自由变换"命令虽然操作上是类似的，但变换选区只是对选区进行变换，自由变换是改变选区的图像，两者有区分。区分效果如图 2.9.8 所示。

图 2.9.8　"选区变换"与"自由变换"的效果对比

6. 滤镜：添加杂色

使用"添加杂色"命令可以将一定数量的杂色以随机的方式引入到图像中，并可以使混合时产生的色彩有散漫的效果，如图2.9.9所示。

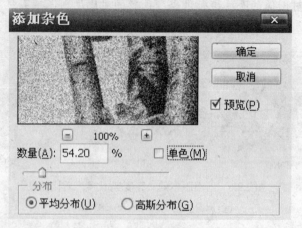

图 2.9.9　色彩散漫的效果

参数调节有以下几种。

数量：决定图像中所产生杂色的数量，数值越大，所添加的杂色数量越多。

分布：在此选项中包括"平均分布"和"高斯分布"两个选项。当选择不同的分布选项时所添加杂色的方式将会不同。

单色：当选择此复选框时，所添加的色彩将会是单色；不选择此复选框，所添加的色彩将会是彩色。使用该命令之后的画面与原图的效果对比如图2.9.10所示。

图 2.9.10　添加杂色效果对比

7. 涂抹工具

涂抹工具 可模拟用手指涂抹油墨的效果。该工具可拾取涂抹开始位置的颜色，并沿拖移的方向展开这种颜色。涂抹工具不能在位图、索引颜色模式的图像上使用。其属性选项栏如图2.9.11所示。其功能与前面所讲的模糊工具类似。

图 2.9.11　"涂抹"属性选项栏

强度：用来控制在画面上工作力度，数值越大，鼠标拖出的线越长，反之则越短，如果强度为100%，则可以拖出无限长的线条来，直到鼠标松开。

手指绘画：选中该项时，每次拖拉鼠标绘制的开始就会使用工具箱中的前景色，如果此时将"强度"选项设定为 100%，则绘图效果与画笔工具完全一样。如果强度设置为 50%，则效果如图 2.9.12 所示。

图 2.9.12　涂抹效果

三、操作指南

(1) 新建文件。执行菜单中的"文件"|"新建"命令，在弹出的对话框中设置一大小为 400×400 像素，白色背景模式为 RGB 模式的图像。

(2) 建立选区。选择工具箱中的椭圆选框工具 ◯，在画面上绘制一个圆形选区，效果如图 2.9.13 所示。

(3) 生成路径。选择"路径"面板，单击"路径"面板下方的按钮 ◠，将该选区转换成路径。

(4) 路径调整。选择工具箱中的直接选择工具 ▶，配合使用添加节点工具 ◊⁺，将路径调整为如图 2.9.14 所示的效果。

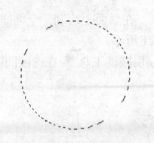

图 2.9.13　选区效果

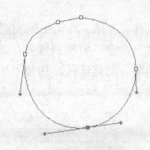

图 2.9.14　路径效果

(5) 路径转选区。单击"路径"面板下方的按钮 ◌，将路径转换成选区。调出"图层"面板，单击"图层"面板下方的新建图层按钮 ◲，建立一个"图层 1"，将前景色设为一种红色 RGB(230，56，40)，在"图层 1"上用前景色填充，取消选区，效果如图 2.9.15 所示。

(6) 建立小选区。选择工具箱中的椭圆选框工具 ◯，将羽化半径设置为"20"左右，在刚刚画好的图上建立一个小椭圆。效果如图 2.9.16 所示。

(7) 明暗调整。执行菜单中的"图像"|"调整"|"亮度/对比度"命令，在弹出的对话框中设置参数，效果如图 2.9.17 所示。

图 2.9.15　填充效果

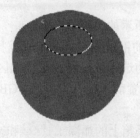

图 2.9.16　选区

图 2.9.17　明暗选区

(8) 建立选区。取消选区，选取工具箱中的椭圆选框工具 ◯，执行"选择"丨"反向"命令，效果如图 2.9.18 所示。

(9) 明暗调整。执行"选择"丨"修改"丨"羽化"命令对选区实行羽化，执行"图像"丨"调整"丨"亮度/对比度"命令，对图像进行调整，效果如图 2.9.19 所示。

(10) 复制图层。选择"图层 1"，将"图层 1"拖到创建图层 ◻ 按钮上，从而复制出一个"图层 1 副本"。

(11) 加深与减淡调整。选择工具箱上的加深工具 ◌ 和减淡工具 ◌，在画好的图像上的周边做修改，上边和两侧减淡，底部边缘加深，结果如图 2.9.20 所示。

图 2.9.18　选区效果　　　　图 2.9.19　亮度调整　　　　图 2.9.20　加深与减淡效果

(12) 凹陷制作。选择工具箱中的椭圆选框工具 ◯，在画面上绘制一个椭圆选区，执行"选择"丨"变换选区"命令，将椭圆倾斜，效果如图 2.9.21 所示。

(13) 减淡调整。羽化选区，选择"图层 1 副本"，用减淡工具 ◌ 在选区凹陷边缘涂抹，效果如图 2.9.22 所示。

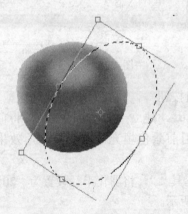 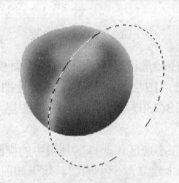

图 2.9.21　变换选区　　　　　　　图 2.9.22　减淡调整

(14) 加深调整。执行"选择"丨"反向"命令，用加深工具在"图层 1 副本"的边缘进行涂抹，效果如图 2.9.23 所示。

同样的方法，制作如图 2.9.24 所示的凹陷效果。

(15) 制作蒂部。选择工具箱中的钢笔工具 ◌，在画面上画出西红柿蒂的形状，并调整。单击"路径"面板下方的将路径转换为选区按钮 ◌，形成选区，选择"图层"面板，单击下方的新建图层 ◻ 按钮建立"图层 2"，设置前景色为深绿色 RGB(96，112，76)用前景色进行填充。效果如图 2.9.25 所示。

(16) 加深与减淡操作。选择工具箱上的加深工具 ◌ 和减淡工具 ◌，在画好的蒂上做修改，结果如图 2.9.26 所示。

图 2.9.23　凹陷效果 1　　　　图 2.9.24　凹陷效果 2　　　　图 2.9.25　蒂的效果

(17) 添加杂色。执行"滤镜"|"添加杂色"命令，在"图层 2"上添加适当的杂色。效果如图 2.9.27 所示。

(18) 高光的制作。在"图层"面板上单击新建图层按钮 ，建立"图层 3"新图层，将"图层 3"移动到"图层 1 副本"的上面。设置前景色为白色，选择"图层 3"，用画笔在西红柿上喷涂，效果如图 2.9.28 所示。

图 2.9.26　蒂的调整效果　　　图 2.9.27　添加杂色效果　　　图 2.9.28　高光效果

(19) 调整高光。将"图层 3"的不透明度设置为 60%，效果如图 2.9.29 所示。

(20) 制作蒂的阴影。选择"图层 2"，按住"Ctrl"键单击"图层 2"，形成相应的选区，对选区进行变换。新建"图层 4"，将前景色设置为暗红色 RGB(197，48，25)，选择工具箱中的涂抹工具 ，在"图层 4"上对选区进行涂抹，效果如图 2.9.30 所示。

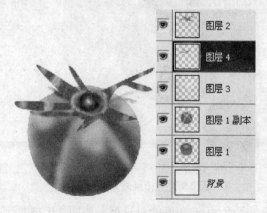

图 2.9.29　调整后的高光效果　　　　　　图 2.9.30　阴影效果

(21) 去除多余阴影。按住"Ctrl"键，单击"图层 1"，则形成一个"图层 1"的选区，将当前操作层定为"图层 4"，执行"选择"|"反向"命令，按"Delete"键，则多余的阴影被删除。效果如图 2.9.31 所示。

(22) 合并图层。将图层中背景层之外的所有图层合并，用油漆桶工具在背景层上填充黄色，再用模糊工具  在西红柿的周围进行涂抹。

(23) 复制图层。复制"图层2"，然后对复制图层和图像进行自由变换，效果如图2.9.32所示。

图 2.9.31　删除的阴影后效果

图 2.9.32　合并效果

四、案例小结

通过本案例的学习，学会运用多种绘图工具进行实际的图像绘制，并利用工具进行一定的立体效果设置。

五、案例拓展

本案例中制作了如图2.9.1所示的西红柿，如果对本案例进行拓展，要制作如图2.9.33所示的各种颜色的西红柿，则颜色调整上要利用"图像"|"调整"中的"色相/饱和度"来进行调整。

色相/饱和度命令可以调整图像中单个颜色成分的色相、饱和度和亮度，是一个功能非常强大的图像颜色调整工具。它改变的不仅是色相和饱和度，还可以改变图像亮度。

调整色相表现为在色轮的圆周上移动如图2.9.34所示中的A。调整饱和度表现为在半径上移动，如图2.9.34中的B，此命令还可以为灰度图像上色或创建单色调效果。

图 2.9.33　拓展效果

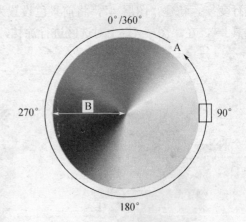

图 2.9.34　颜色色轮

先来看看色相/饱和度的对话框，如图2.9.35所示。对话框的底端显示有两个颜色条，它们代表颜色在色轮上的位置。上面的颜色条显示调整前的颜色，下面的颜色条显示调整如何以全饱和的状态影响所有的色相。

然后在编辑选项栏菜单中选择调整的颜色范围(选择全图选项可一次调整所有颜色，其他范围则针对单个颜色进行修改)。如果选择其他颜色范围，对话框底端的两条颜色条之间会出现一

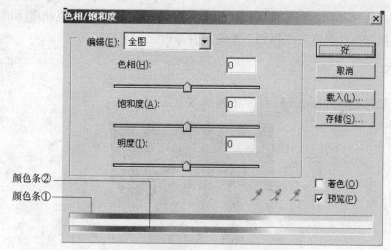

图 2.9.35 色相/饱和度对话框

个调整色块。你可以用这个调整色块来编辑色彩。确定好调整范围之后，就可以利用三角形滑块调整对话框中的色相、饱和度和亮度数值，这时图像中的色彩就会随滑块的移动而变化。

色相：色相栏的数据框所显示的数值反映颜色轮中从像素原来的颜色旋转的度数。正值表示顺时针旋转，负值表示逆时针旋转。范围在-180°～180°。

饱和度：饱和度栏中的数值越大，饱和度越高(反之饱和度越低)。它所反映的颜色是从颜色轮中心向外移动或从外向颜色轮中心移动后相对原有颜色的起始颜色值。范围为－100～100。

明度：明度栏中的数值越大，明度越高(反之越低)。数值的范围在-100～100之间。

着色：勾选此复选框，可以将黑白或彩色图像上的多色元素消除，整体渲染成单色效果。但并不能将黑白颜色的位图模式和灰度模式的图像变成彩色图像，而是指 RGB、CMYK 或其他颜色模式下的黑白图像和灰度图像，所以，位图或灰度模式的图像不能使用"色相/饱和度"命令，要对这些模式的图像应用该命令，必须先将其转换为 RGB 模式或其他的颜色模式。当勾选"着色"复选框后，"编辑"列表框中只能以"全图"模式进行编辑。

颜色条①：这个颜色条的颜色固定不变，它帮助用户识别当前选择的色彩变化范围。

颜色条②：在更改"色相"、"饱和度"和"亮度"参数时，随着改变。

吸管工具 ：单击可以选中一种颜色作为色彩变化的范围。

添加到取样按钮 ：单击可在原有色彩变化范围上加上当前选中的颜色范围。

从取样中减去按钮 ：单击可在原有色彩变化范围上减去当前选中的颜色范围。

上述操作是对整个图像的色相、饱和度、明度所做的调整控制，若事先选定一个图像像素区域，Photoshop 就会只对此区域中的图像像素做处理，利用这一点即可创建出具有特殊用途的效果。特别是在 Web 页面图像设计与应用中，这种变化还能创建出令人惊叹的动画效果。图2.9.36 显示了不同色相/饱和度的图像显示效果。

图 2.9.36　色相/饱和度着色效果

操作提示：选择不同的西红柿图层，执行"图像"|"调整"|"色相/饱和度"命令，再进行适当的"饱和度"、"明度"、"色相"参数设置即可。

六、实训练习

利用各种工具制作如图 2.9.37 所示的蜡烛效果图。

图 2.9.37　蜡烛图

第3章　Photoshop CS3 图层的应用

┤本章学习要点├

◆ 理解图层式样式：投影和内投影、外发光和内发光、斜面和浮雕、光泽、渐变叠加、颜色叠加、图案叠加及描边等基本概念。

◆ 熟悉基本操作：投影和内投影、外发光和内发光、斜面和浮雕、光泽、渐变叠加、颜色叠加、动作运用、图案叠加及描边等基本操作，并灵活运用各种混合模式进行一定的效果设计。

【案例 1】　眼球效果的制作

本案例的主要目的是运用图层样式中的投影、斜面浮雕、内投影、光泽、渐变叠加、颜色等样式进行实际的应用。主要技术有椭圆工具、图层样式、图层分离、自由变换、图层复制等。

一、案例分析

图 3.1.1 所示为效果图。

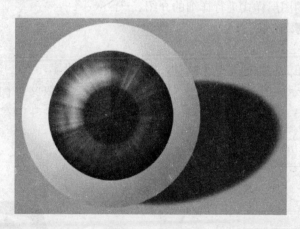

图 3.1.1　效果图

在本案例的制作过程中，主要注意以下几个环节。

(1) 图层样式设置时，各参数要根据实际的大小进行调试，根据效果设置参数。

(2) 内发光调整时，要将"阻塞"与"大小"同时调整，才能得到合适的效果。

(3) 光泽调整时，要注意发光线是亮光，不是则选择"反相"。

(4) 颜色叠加时，要对混合模式进行适当调整。

二、技能知识

第二章中介绍了图层的基本概念，图层的相关操作，在本案例中，将重点介绍图层样式及其应用。图层样式的出现，是 Photoshop CS3 中一个划时代的进步。在 Photoshop CS 中，图层样式能创造出特殊的图像效果。图层样式的优点有很多，图层样式能轻易模拟出最直接的图像效果。在"图层样式"对话框中有 12 个选项，分别为投影、内阴影、外发光、内发光、斜面和浮雕、等高线、纹理、光泽、颜色叠加、渐变叠加、图案叠加、描边。效果如图 3.1.2 所示。

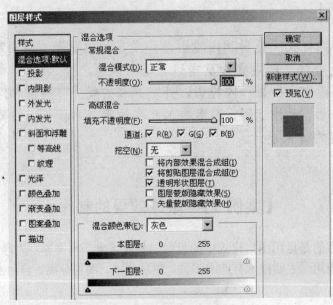

图 3.1.2　图层样式选项

下面对本案例中的图层样式进行详细的介绍。

1. 图层样式：投影和内阴影

1）投影

无论是文字、按钮、边框还是一个物体，如果加上一个投影，都会产生立体感，其相关的选项参数如图 3.1.3 所示。图 3.1.4 显示了"图"字在图 3.1.3 参数设置下的投影效果。

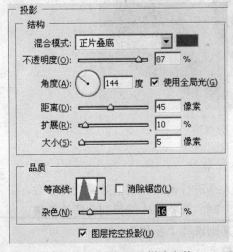

图 3.1.3　"投影"样式参数

图 3.1.4　效果图

84

混合模式：选定投影的色彩模式，如果在混合模式的下拉菜单中选择不同的混合模式，则投影的效果也会不同。其效果类似于图层的混合模式，在后面的内容中将有所介绍。单击后面的颜色框，则会弹出"选择阴影颜色"的对话框，在其中可设置不同的投影颜色。

不透明度：设置阴影的不透明度，数值越大，阴影颜色越深。

角度：设置的角度为投影的方向。投影方向要和图像光源方向相反。

使用全局光：如果勾选了"使用全局光"，则图像文件中所有使用"投影"样式的图层都是一个投影方向，取消"使用全局光"，则可以分别设置投影的方向。

距离：投影与图像之间的距离远近。设置距离参数越大，则投影与图像的距离越远，反之则越近。

扩展：模糊之前扩大边缘范围，变化值是0～100%，值越大投影效果越强烈。通常和"大小"配合使用。

大小：投影的大小，参数越大，投影越大，柔化程度也越大，反之则越小。

品质：在此选项中，可以通过设置"等高线"和"杂色"选项来改变阴影质量。在等高线中可以选择一个已有的轮廓，单击"等高线"列表框中的下拉按钮，可以打开等高线选框，在其中选择即可。如果选择"消除锯齿"复选框，则可以使得轮廓更加平顺，不会产生锯齿。

杂色：通过调整杂色百分比向投影中添加杂色，相当于图层混合模式中的溶解。

2) 内阴影

内阴影和投影效果基本相同，不过投影是从对象的边缘向外，而内阴影是从边缘向内。内阴影主要用来创作简单的立体效果。如果配合投影效果，效果会更加生动。其相关的选项参数如图3.1.5所示，图3.1.6显示了内阴影样式参数下的圆形的效果。

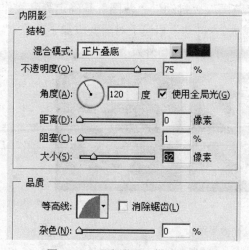

图 3.1.5　"内阴影"样式参数

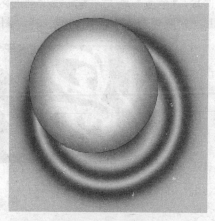

图 3.1.6　内阴影效果

阻塞：内阴影的阻塞与投影中的扩展原理相同，不过扩展选项起扩大作用，而且阻塞选项起收缩作用。

2. 图层样式：外发光和内发光

"外发光"选项主要包括了"结构"、"图素"、"品质"3个选项组。图3.1.7显示了"外发光"的选项参数，图3.1.8显示了"内发光"的选项参数。

结构：控制了发光的"混合模式"、"不透明度"、"杂色"和"颜色"。"混合模式"即是发光的混合模式，设置不同的模式，则效果也会不同。"不透明度"为发光的不透明度，默认的为75%。"杂色"为设置发光的杂色，参数越大，添加的杂色越多，反之越少。"颜色"为发光的

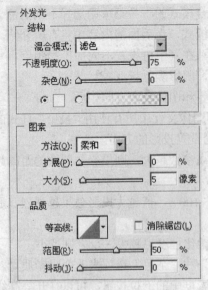

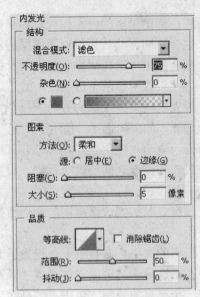

图 3.1.7　"外发光"样式参数　　　　图 3.1.8　"内发光"样式参数

颜色，可设置单色或渐变色。

　　图素：主要包括"方法"、"扩展/阻塞"、"大小"。方法是发光的方法，较柔软的"方法"会创建柔和的发光边缘，但在发光值较大的时候不能很好地保留边缘细节。"精确"会比"柔软"的"方法"更贴合边缘。另外，参数功能与阴影一样。内发光的"居中"表示当前图像的中心位置向外发光。"边缘"表示从当前图层图像的边缘向内发光。

　　品质：主要分为"等高线"、"消除锯齿"、"范围"、"抖动"。"范围"是确定等高线作用范围的选项，"范围"越大，等高线处理的区域就越大。"抖动"相当于对渐变添加了杂色。"等高线"与"消除锯齿"和阴影功能一样。图 3.1.9 显示了内发光与外发光的效果。

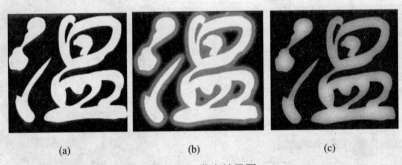

(a)　　　　　　　　　(b)　　　　　　　　　(c)

图 3.1.9　发光效果图

(a) 原图；(b) 外发光；(c) 内发光。

3. 图层样式：斜面和浮雕

　　"斜面和浮雕"样式是运用最普遍的图层样式，通过这个效果能使图像更加立体化。其选项参数如图 3.1.10 所示。在斜面和浮雕中，包括"斜面和浮雕"、"等高线"、"纹理" 3 项。

　　1) 斜面和浮雕

　　结构分为样式、方法、深度、方向、大小和软化几个选项。

　　(1) 样式：在样式中有外斜面、内斜面、浮雕效果、枕状浮雕和描边浮雕 5 种立体效果的类型。

　　外斜面：可以在图层中图像外部边缘产生一种斜面的光线照明效果。此效果类似于投影效果，只不过在图像两侧都有光线照明效果。

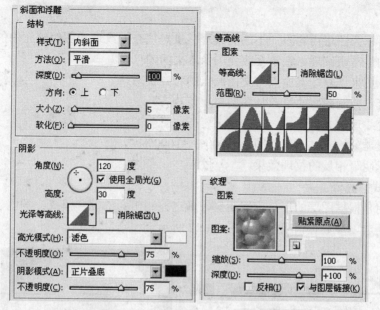

图 3.1.10 "斜面和浮雕"样式参数

内斜面：可以在图层中图像内部边缘产生一种斜面的光线照明效果。此效果和内阴影效果相似。

浮雕效果：创建当前图层内容向下方图层凸出的效果。

枕状浮雕：创建图层中图像边缘陷入下方图层的效果。

描边浮雕：类似浮雕效果，但只在当前图像有"描边"图层样式时才会起作用。

(2) 方法：方法提供了平滑、雕刻清晰、雕刻柔和 3 种方法。

平滑：光滑斜面。

雕刻清晰：产生比较生硬的平面。

雕刻柔和：柔和的平面。

(3) 深度：设置深度参数越大，图像越深，反之则越浅。

(4) 方向：为浮雕的方向。

(5) 大小和软化：设置浮雕的大小，参数越大，浮雕程度越大，反之则越小。

2) 阴影

组成样式的高光和暗调的组合，控制斜面的投影角度和高度、光泽等高线样式，高光和暗调的混合器模式、颜色及透明度。

3) 等高线

等高线样式如图 3.1.10 所示。其效果如图 3.1.11 所示。

(a)　　　　　　　(b)　　　　　　　(c)

图 3.1.11 不同类型等高线效果对比

(a) 等高线：□▾ ；(b) 等高线：□▾ ；(c) 等高线：□▾ 。

87

4) 纹理

纹理选项可以为图层内容添加不同的纹理。虽然填充的纹理和图像填充中的图案一样，但是，纹理填充的是透明纹理，它不会改变图像本来的颜色。

贴紧原点：用来恢复图案原点与文档原点的对齐状态。

与图层链接：控制图案的原点与图层左上角对齐。

缩放：改变纹理的大小。

深度：图案雕刻的立体感，范围从-1000%～1000%。

反相：显示明暗相反的纹理效果。

4. 图层样式：光泽

光泽的作用是根据图层的形状应用阴影，通过控制阴影的混合模式、颜色、距离、角度、大小等属性。其选项参数与相应效果如图 3.1.12 所示。

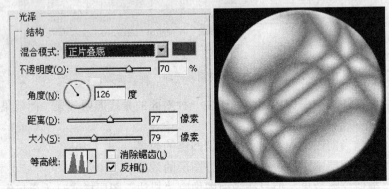

图 3.1.12　"光泽"样式参数与效果

距离：控制光泽与图像边缘的距离。

角度：控制光泽高光与阴影部分分布的位置关系。

大小：控制光泽分布的大小。

5. 图层样式：渐变叠加

渐变叠加效果和渐变工具效果一样，不过在角度上更容易掌控。此外，它还添加了对齐渐变和图层，以及控制渐变大小的缩放选项的功能，且其修改渐变颜色时操作十分简单。其选项参数及效果如图 3.1.13 所示。

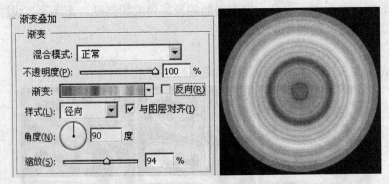

图 3.1.13　"渐变叠加"样式参数及效果

样式：分为线性、径向、角度、对称性、菱形 5 种样式与渐变填充的样式一样。

角度：是渐变工具无法设置的，通过角度的改变可改变填充的方向。

缩放：是渐变叠加的缩放量，数值越大，渐变叠加就往外扩展，反之向里收缩。

6. 图层样式：颜色叠加

颜色叠加和填充颜色相同，但是使用"颜色叠加"样式的同时控制填充色的混合模式和不透明度。其选项参数及其效果如图 3.1.14 所示。

图 3.1.14　"颜色叠加"样式参数及对应效果

三、操作指南

(1) 建立圆形选区。执行"文件"|"新建"命令(Ctrl+N)，弹出"新建"对话框，新建一个文件，大小为 500×500 像素，白色背景。将前景色设置为白色，背景色设置为黑色，单击"图层"面板上创建新图层按钮 ，新建"图层 1"，选择工具箱中的椭圆选框工具 ，在"图层 1"上建立一个圆形，用前景色填充，效果如图 3.1.15 所示。

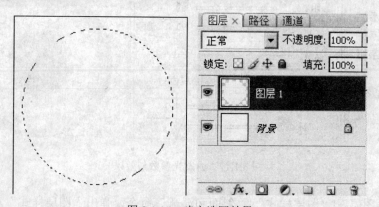

图 3.1.15　建立选区效果

(2) 建立内阴影。执行"选择"|"取消选区"命令(Ctrl+D)取消选区，选择"图层 1"，执行"图层"|"图层样式"|"内阴影"命令，弹出"图层样式"对话框，进行内阴影样式参数设置，设置完毕后单击"确定"按钮应用图层样式，得到添加内阴影后的效果，如图 3.1.16 所示。

(3) 建立内发光。执行"图层"|"图层样式"|"内发光"命令，弹出"图层样式"对话框，进行内发光参数设置，设置完毕后单击"确定"按钮应用图层样式，得到添加内发光的图像效果，如图 3.1.17 所示。

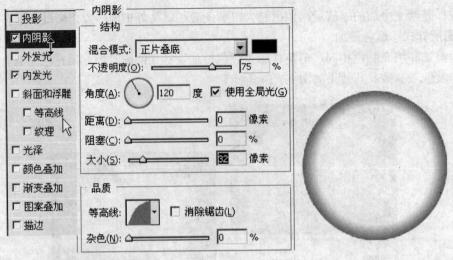

图 3.1.16 内阴影参数与效果

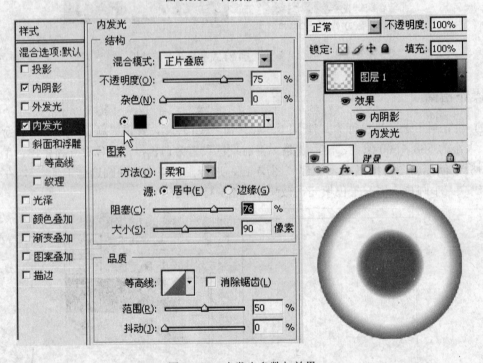

图 3.1.17 内发光参数与效果

(4) 执行"图层"|"图层样式"|"斜面和浮雕"命令，弹出"图层样式"对话框，进行斜面和浮雕参数设置，设置完毕后单击"确定"按钮应用图层样式，得到添加斜面和浮雕的图像效果，如图 3.1.18 所示。

(5) 执行"图层"|"图层样式"|"光泽"命令，弹出"图层样式"对话框，进行光泽参数设置，设置完毕后单击"确定"按钮，应用图层样式，得到光泽的图像效果，如图 3.1.19 所示。

(6) 执行"图层"|"图层样式"|"渐变叠加"命令，弹出"图层样式"对话框，进行渐变叠加参数设置，设置完毕后单击"确定"按钮，应用图层样式，得到渐变叠加的图像效果，如图 3.1.20 所示。

90

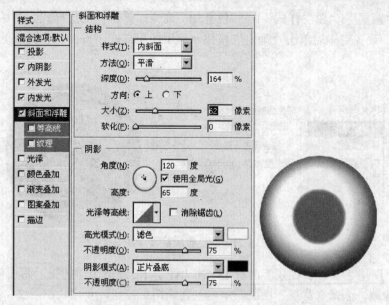

图 3.1.18 "斜面和浮雕"参数与效果

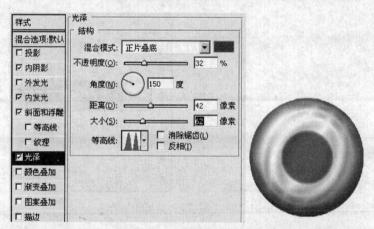

图 3.1.19 "光泽"参数与效果

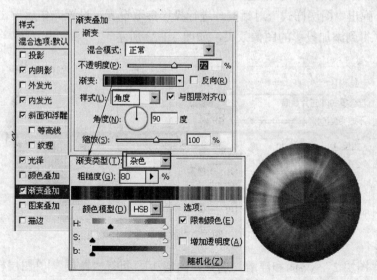

图 3.1.20 "渐变叠加"参数与效果

(7) 执行"图层"|"图层样式"|"颜色叠加"命令，弹出"图层样式"对话框，进行颜色叠加参数设置，设置完毕后单击"确定"按钮，应用图层样式，得到颜色叠加的图像效果，如图 3.1.21 所示。

图 3.1.21　颜色叠加参数与效果

(8) 新建"图层 2"。在"图层"面板上单击"图层 1"缩略图前的指示图层可视性按钮，将"图层 1"隐藏，选择"背景"图层，单击创建新图层按钮，新建"图层 2"，选择工具箱中的椭圆工具，在"图层 2"上绘制一个圆形选区，将选区填充白色，效果如图 3.1.22 所示。

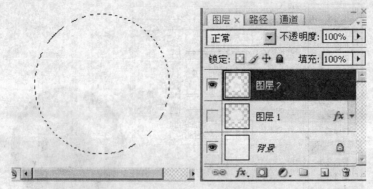

图 3.1.22　"图层 2"的填充与效果

(9) 建立"图层 2"阴影。取消选区(Ctrl+D)，选择"图层 2"，执行"图层"|"图层样式"|"投影"命令，弹出"图层样式"对话框，进行投影参数设置，设置完毕后单击"确定"按钮，应用图层样式，得到添加投影的图像效果，如图 3.1.23 所示。

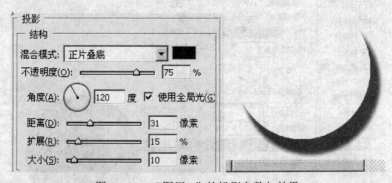

图 3.1.23　"图层 2"的投影参数与效果

(10) 建立"图层 2" 斜面和浮雕。选择"图层 2"，执行"图层"|"图层样式"|"斜面和浮雕"命令，弹出"图层样式"对话框，进行斜面和浮雕参数设置，设置完毕后单击"确定"

按钮，应用图层样式，得到添加斜面和浮雕的图像效果，如图 3.1.24 所示。

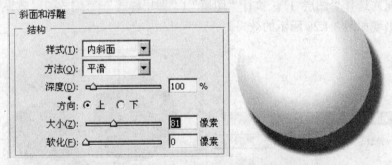

图 3.1.24　"图层 2"的斜面和浮雕参数与效果

(11) 分离图层样式。选择"图层 2"，执行"图层"|"图层样式"|"创建新图层"命令，在"图层"面板上得到 4 个分离后的图层，分别为 1 个不包含图层样式的"图层 2"、2 个斜面浮雕样式分离图层和 1 个投影样式分离图层，图层效果如图 3.1.25 所示。

(12) 在"图层"面板上选择"图层 2"的投影图层，执行"编辑"|"自由变换"和"编辑"|"斜切"命令，弹出变换框中对投影图层进行变换，效果如图 3.1.26 所示。

图 3.1.25　图层分离效果

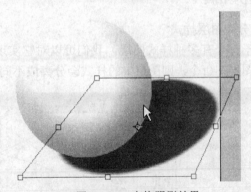

图 3.1.26　变换阴影效果

(13) 变换"图层 1"。在"图层"面板上单击"图层 1"的指示图层可视性按钮，显示"图层 1"，将"图层 1"移动到"图层 2"的上面，选择"图层 1"，执行"编辑"|"自由变换"命令，效果如图 3.1.27 所示。

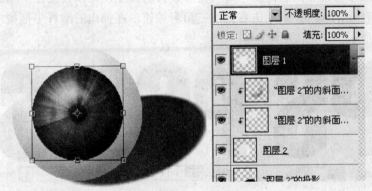

图 3.1.27　"图层 1"效果

93

(14) 效果缩放。选择"背景"图层，将前景色设置为 RGB(204，160，243)颜色，对"背景"层进行填充，选择"图层 1"，执行"图层"|"图层样式"|"缩放图层效果"命令，输入相应的值，则出现如图 3.1.28 所示的效果。

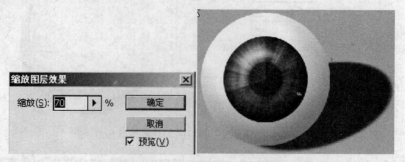

图 3.1.28　缩放参数与最终效果

四、案例小结

通过本案例的学习，掌握图层样式的阴影、内投影、外发光、内发光、斜面和浮雕、光泽、颜色叠加和渐变叠加的操作与各参数的设置。

五、案例拓展

1) 分离图层样式

对于一个有多种样式图层，我们可以对它实现分离。方法是执行"图层"|"图层样式"|"创建图层"命令，则图层中的样式会分离成不同的图层，如图 3.1.29 所示的效果。

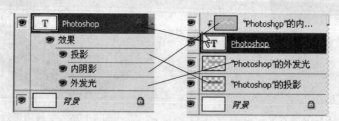

图 3.1.29　图层分离效果

2) 缩放效果

选择含有图层样式的图层后，执行"图层"|"图层样式"|"缩放效果"命令，弹出缩放图层效果对话框，从中可设置图层得到分离后图层效果的强度，可以直接在"缩放"文本框中输入数值，其范围在 0～100%，或单击右侧的三角形按钮，在弹出的滑杆中拖拉滑块进行设置，效果如图 3.1.30 所示。

图 3.1.30　不同缩放效果对比

六、实训练习

根据给定的素材，制作如图 3.1.31 所示的效果。

图 3.1.31　效果图

【案例 2】　透明按钮制作

本案例的主要目的是运用图层样式中的投影、斜面浮雕、内投影、光泽、渐变叠加、颜色等样式进行实际的应用。主要技术有椭圆工具、描边、图层样式、选区修改、文字工具、定义图案、渐变填充、模糊等。

一、案例分析

图 3.2.1 所示为效果图。

在本案例的制作过程中，主要注意以下几个环节。

(1) 定义图案时，注意参数的大小决定生成图案的形状。

(2) 设置内发光时，适当调整阻塞与大小比例的显示。

(3) 制作高度时，高斯模糊的参数要适当。

二、技能知识

在本案例中主要介绍的技能知识是图层样式的图案叠加与描边，图层边缘的调整、选区的修改和图层的混合模式叠加。

图 3.2.1　效果图

1. 图层样式：图案叠加

图案叠加可以为图层添加图案效果，这里添加的图案和工具箱中油漆桶添加图案一样，使用的也是同一个图案库，执行"图层"|"图层样式"|"图案叠加"命令，则弹出如图 3.2.2 所示的对话框。

不透明度：缩放用来调整叠加图案的深浅变化。

缩放：选项选择的是图案的相对大小。图 3.2.2 中将图案缩小 33%。

2. 图层样式：描边

描边是沿图像边缘进行描边，执行"图层"|"图层样式"|"描边"命令，则弹出如图 3.2.3 所示的对话框，在描边参数设置中选择描边颜色和描边大小。

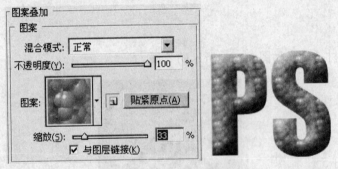

图 3.2.2　"图案叠加"参数与效果

大小：控制边的宽度。

位置：为边所在的位置，有"外部"、"居中"、"内部"3 种。

填充类型：有"颜色"、"渐变"、"图案"。

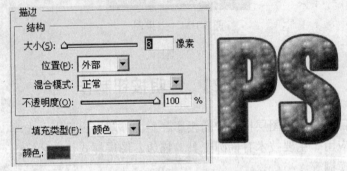

图 3.2.3　描边效果

3. 调整边缘

调整边缘可以对现有的选区进行更为深入的修改，从而得到更为精确的选区，执行"选择"|"调整边缘"命令，即可打开其对话框，如图 3.2.4 所示。除了上述命令可打开"调整边缘"对话框之外，在一些选择工具最右侧都有"调整边缘"对话框。

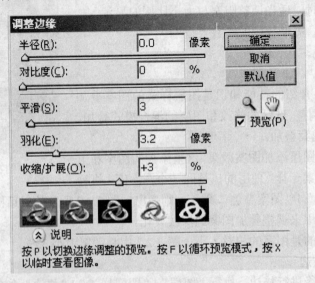

图 3.2.4　调整边缘参数

半径：用来微调选区与图像之间的距离。数值越大，选区会越精确地靠近图像边缘。

对比度：此参数调整边缘的虚化程度。数值越大则边缘越锐化。通常可以帮助创建比较精确的选区。

平滑：当创建选区边缘非常生硬，甚至有明显的锯齿时，使用此选项来进行柔化处理。

羽化：此参数与前面版本的"羽化"功能基本相同，都是用来柔化选区边缘的。

收缩/扩展：该参数与"收缩"和"扩展"的功能基本相同，向左侧拖动滑块可以收缩选区，向右侧拖动滑块则可以扩展选区。

预览方式：共有 5 种不同的选区预览方式，用户可根据不同的需要选择最合适的预览方式。图 3.2.5 显示了 5 种预览方式下的效果。

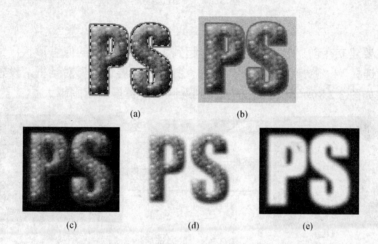

图 3.2.5　5 种不同预览方式效果

(a) 标准；(b) 快速蒙版；(c) 黑色背景；(d) 白色背景；(e) 定义选区的蒙版。

注意：此命令是 Photoshop CS3 版本的新增功能。

4. 选区修改

选区修改可以将选区图像平滑、重新绘制、扩展选区、收缩选区、羽化选区。既保证了选区的准确性，又可以对选区进行编辑，使图像更艺术化。选择不同的修改方式，修改后的效果也会不一样。

1) 边界

边界起创建双重选区的作用。当在图像中创建一个选区后，执行"选择"|"修改"|"边界"命令，会弹出"边界选区"对话框，在"宽度"文本框中输入相应的数值，即为描绘双重选区的宽度，效果如图 3.2.6 所示。数值越大，边缘宽度越宽，填充的图像也就越模糊。

图 3.2.6　边界选区

2) 平滑

平滑选区主要用于对不规则粗糙的选区进行平滑处理。执行"选择"|"修改"|"平滑"命

令，打开"平滑选区"对话框，设置取样半径的参数决定选区的平滑度。效果如图 3.2.7 所示，数值越大，选区就越平滑。

图 3.2.7　平滑选区

3) 扩展

扩展选区主要建立在创建选区的基础上，起到了既保持选区的原有形状，又对其进行扩展的作用。执行"选择"｜"修改"｜"扩展"命令，打开"扩展选区"对话框，设置参数决定选区的扩展量。效果如图 3.2.8 所示，数值越大，则选区向外扩展的范围越大。

图 3.2.8　扩展选区

4) 收缩

收缩选区与扩展选区相反，起到对当前选区进行收缩的作用。执行"选择"｜"修改"｜"收缩"命令，打开"收缩选区"对话框，设置参数决定选区的收缩量。效果如图 3.2.9 所示，数值越大，则选区向里收缩的范围越大。

图 3.2.9　收缩选区

5) 羽化

羽化选区与前面的羽化功能一样，对当前选区平滑处理。执行"选择"｜"修改"｜"收缩"命令，打开"羽化选区"对话框，设置参数决定选区的羽化半径。效果如图 3.2.10 所示，数值越大，则选区越平滑。

5. 图层混合模式：叠加

叠加模式是将绘制的颜色与底色相互叠加，也就是说把图像的"基色"颜色与"混合色"颜色相混合，提取基色的高光和阴影部分，产生一种中间色。基色不会被取代，而是和混合色相互混合来显示图像的亮度和暗度。

图 3.2.10　羽化选区

当"基色"颜色比"混合色"颜色暗时,"混合色"颜色信息倍增;反之,"混合色"颜色被遮盖,而图像内的高亮部分和阴影部分保持不变。叠加模式以一种非艺术逻辑的方式把放置或应用到一个层上的颜色同背景色进行混合,得到有趣的效果。图 3.2.11 显示了图层叠加效果。

注意:当基色为黑色或白色时,任何图像应用"叠加"模式均不起作用。

| (a) | (b) |

图 3.2.11　叠加模式效果显示

(a) 正常模式;(b) 叠加模式。

6. 定义图案

在 Photoshop 中,有一些常用的预设图案,如图 3.2.12 所示,然而这些图案在很多时候不能满足用户的需求,用户可以根据自己的需要进行一些自定义图案。

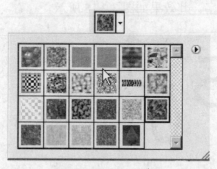

图 3.2.12　常用的图案

自定义方法是:

(1) 打开要定义为图案的图像。

(2) 选择工具箱中的选择矩形框工具,并在工具选项条中设置羽化参数为 0。

(3) 选择要定义的图像区域。

(4) 执行"编辑"|"定义图像"命令,在弹出的对话框中输入图案的名称。效果如图 3.2.13 所示。

图 3.2.13　图案的制作过程

这样就可以在以后的操作中，在"图案"下拉列表框中选择自定义的图案。如图 3.2.14 所示。

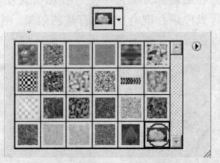

图 3.2.14　自定义的图案

7．文字工具

1）工具属性

在使用 Photoshop 制作各种精美的图像时，文字是点饰画面不可缺少的元素。恰当的文字可以起到画龙点睛的功效，如果为文字赋予合适的艺术效果，更可以使图像的美感得到极大的提升。Photoshop 的文字处理能力很强，可以很方便地制作出各种精美的艺术效果字。

Photoshop 保留了基于矢量的文字轮廓，从而在缩放文字、调整大小、存储 PDF 或 EPS 文件时，生成的文字具有清晰的与分辨率无关的光滑边缘。

文字工具 **T** 中有 4 种格式的文字工具，其中 **T** 为横排文字， **↓T** 为直排文字， 为横排蒙版文字、 为直排蒙版文字。其效果如图 3.2.15 所示。

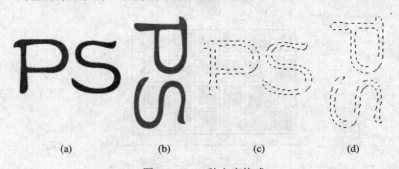

图 3.2.15　4 种文字格式

(a) 横排文字工具；(b) 直排文字工具；(c) 横排文字蒙版工具；(d) 直排文字蒙版工具。

文字工具 **T** 的属性选项栏如图 3.2.16 所示。

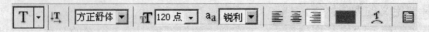

图 3.2.16　文字工具属性选项栏

其中各按钮功能如下。

文字方向转换按钮 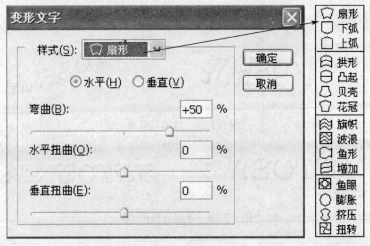：单击此按钮，可以将当前文字水平方向转换为垂直方向，或是将当前垂直方向转换为水平方向。

字体选择 方正舒体 ▾：决定输入文字的字体，一般在输入文字之前设置好文字的字体，有时也可以在输入文字之后再设置字体。

字号选项 T 120点 ▾：用来决定输入文字的大小。

消除锯齿选项 ªª 锐利 ▾：决定文字边缘的平滑程度，包括"无"、"锐化"、"明晰"、"强"和"平滑"5 种方式，用来设置消除锯齿的方式。

文字对齐方式选项 ≣ ≣ ≣：当选择文字或横排文字蒙版工具时，分别为左对齐、水平对齐和右对齐。当选择垂直文字或是直排文字蒙版工具时，这 3 个按钮将变为 ▥ ▥ ▥，分别为顶部对齐、垂直中心对齐和底部对齐。

文字颜色选项：用来确定文字的颜色，单击此颜色色块可以弹出"拾色器"的对话框，在此对话框中可以根据需要修改文字的颜色。

变形文字 Ⱡ：用来创建文字变形效果，单击此按钮，可弹出如图 3.2.17 所示的"变形文字"对话框，各个选项的含义介绍如下。

图 3.2.17　样式对话框

样式：决定文本最终的变形效果，单击其右侧的按钮 ▾ 可弹出如图 3.2.17 所示的变形文字下拉列表。图 3.2.18～图 3.2.25 所示为各种风格变形的效果图。

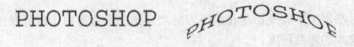

图 3.2.18　正常样式与扇形样式

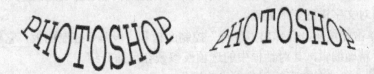

图 3.2.19　下面弧形与上面弧形

101

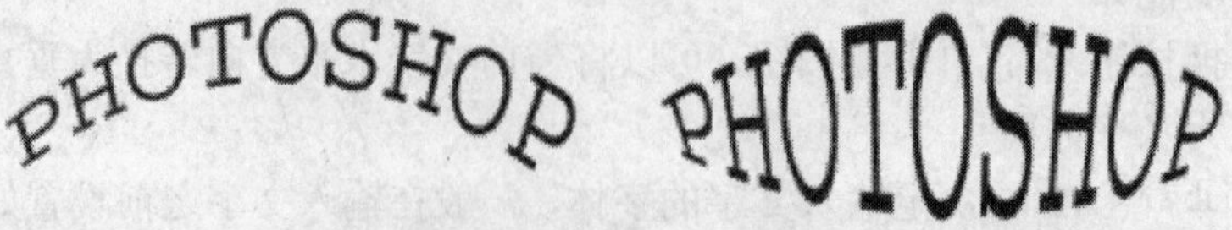

图 3.2.20　拱门与上下膨胀

图 3.2.21　贝壳向下与贝壳向上

图 3.2.22　旗帜与波浪

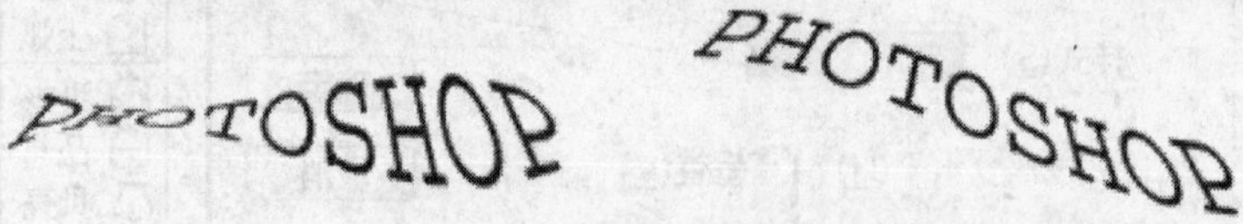

图 3.2.23　鱼形与升高

图 3.2.24　球面与四面膨胀

图 3.2.25　挤压与扭曲

水平和垂直：决定文本的变形是在水平方向上还是在垂直方向上进行操作。

弯曲：决定文本的弯曲程度。

水平扭曲和垂直扭曲：决定水平和垂直的效果。

在"变形文字"对话框内样式选项右侧弹出的下拉列表中选择合适的选项，然后设置其的各项参数，即可对文字进行变形处理。

选项▤：单击此按钮，会弹出"字符"控制面板和"段落"控制面板，它们主要是用来对输入的文字进行精确编辑，其对话框中的选项及参数在后面介绍。

取消按钮◯：取消对文字的创建或修改操作。

确定按钮✔：确认对文字的创建或修改操作。

2）文字输入

（1）单字文字输入。打开一张图片，然后单击工具箱中的文字工具 **T**，单击鼠标左键，鼠标单击的位置将出现如图 3.2.26 所示的输入光标。

（2）段落文字输入。选择工具箱中的文字工具，在图像中按下鼠标左键不放并拖动鼠标，图像中会出现一个文字界定框，如图 3.2.27 所示，随后输入的文字将定在界定框中自行换行显示。如果输入的文字过多，超出界定框范围的文字会被隐藏。

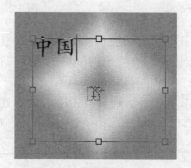

图 3.2.26　文本输入光标　　　　　　　　图 3.2.27　输入段落文字

使用技巧：若按住"Shift"，则可以创建正方形界定框；若同时按住"Ctrl"，则可以移动文字界定框和界定框中心的位置的标志；文字界定框中的文字随界定框形态的改变而自动调整。

三、操作指南

（1）建立按钮文件。执行"文件"|"新建"命令(Ctrl+N)，弹出"新建"对话框，新建一个文件，大小为 500×500 像素，白色背景。将前景色设置为粉红色 RGB(232，11，246)，单击"图层"面板上创建新图层按钮，新建"图层 1"，选择工具箱中的椭圆选框工具 ◯ ，在"图层 1"上建立一个圆形选区，用前景色填充，效果如图 3.2.28 所示。

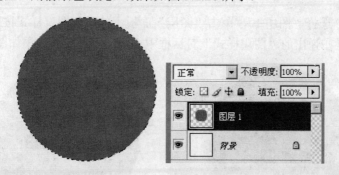

图 3.2.28　填充效果

（2）建立图案文件。执行"文件"|"新建"命令(Ctrl+N)，弹出"新建"对话框，新建一个文件，大小为 2×8 像素，背景为透明，单击"确定"按钮新建图像文件。

（3）图案填充。选择工具箱中的铅笔工具 ✐，将前景色设置为黑色，在工具选择栏中设置铅笔半径为"2"像素，设置完毕后使用铅笔工具 ✐ 在图像上半部单击，执行"编辑"|"定义图案"命令，弹出"定义图案"对话框，在图案名称中输入相应的图案名称，得到的图像效果如图 3.2.29 所示。

图 3.2.29　定义按钮图案

(4) 设置投影。切换到按钮文件，取消选区，选择"图层 1"，单击"图层"面板上的添加图层样式按钮 *fx*，在弹出的菜单中选择"投影"，弹出"图层样式"对话框中进行参数设置，效果如图 3.2.30 所示。

(5) 设置内发光。选择"图层 1"，单击"图层"面板上的添加图层样式按钮 *fx*，在弹出的菜单中选择"内发光"，弹出"图层样式"对话框中进行参数设置，将"内发光"混合模式设置为"正片叠底"样式。效果如图 3.2.31 所示。

图 3.2.30　投影效果 　　　　　　　　　　　图 3.2.31　内发光效果

(6) 设置图案叠加。选择"图层 1"，单击"图层"面板上的添加图层样式按钮 *fx*，在弹出的菜单中选择"图案叠加"，在弹出"图层样式"对话框中选择上述定义好的"按钮"图案。效果如图 3.2.32 所示。

(7) 按钮描边。选择"图层 1"，单击"图层"面板上的添加图层样式按钮 *fx*，在弹出的菜单中选择"描边"，在弹出的"图层样式"对话框中进行参数设置。效果如图 3.2.33 所示。

图 3.2.32　图案叠加效果 　　　　　　　　　图 3.2.33　描边效果

(8) 建立选区。按住"Ctrl"按钮，单击"图层 1"，则"图层 1"的图像被选中，执行"选择"|"修改"|"收缩"命令，在弹出的"收缩选区"对话框中输入收缩值，设置完毕后，单击"确定"按钮，得到如图 3.2.34 所示的效果。

(9) 渐变填充。单击"图层"面板上创建新图层按钮 ▣，新建"图层 2"，将前景色设置为白色，选择工具箱中的渐变工具 ，设置由前景色到透明的渐变，选择"径向渐变"，使用渐变工具在"图层 2"中选区内由下至上拖动。效果如图 3.2.35 所示。

图 3.2.34　选区效果

图 3.2.35　渐变填充

(10) 模糊渐变。取消选区，选择"图层 2"，执行"滤镜"I"模糊"I"高斯模糊"命令，在弹出对话框内输入参数，单击"确定"按钮应用滤镜，得到如图 3.2.36 所示的效果。

(11) 建立选区。按住 Ctrl 按钮，单击"图层 1"，则"图层 1"的图像被选中，执行"选择"I"修改"I"收缩"命令，在弹出的"收缩选区"对话框中输入收缩值，选择工具箱中的矩形选择工具，使用选区相减的方法得到如图 3.2.37 所示的效果。

图 3.2.36　模糊渐变效果

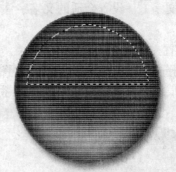

图 3.2.37　建立选区

(12) 渐变填充。单击"图层"面板上创建新图层按钮 ，新建"图层 3"，将前景色设置为白色，选择工具箱中的渐变工具 ，设置由前景色到透明的渐变，选择"线性渐变"，使用渐变工具在"图层 3"中选区内由下至上拖动。效果如图 3.2.38 所示。

(13) 模糊渐变。取消选区，选择"图层 3"，执行"滤镜"I"模糊"I"高斯模糊"命令，在弹出的对话框内输入参数，单击"确定"按钮应用滤镜，得到如图 3.2.39 所示的效果。

图 3.2.38　填充效果

图 3.2.39　模糊效果

(14) 建立选区。按住"Ctrl"按钮，单击"图层 1"，则"图层 1"的图像被选中，执行"选择"|"修改"|"收缩"命令，在弹出的"收缩选区"对话框中输入收缩值，选择工具箱中的矩形选择工具 ，使用选区相交叉 的方法得到如图 3.2.40 所示的效果。

(15) 选区填充。单击"图层"面板上创建新图层按钮 ，新建"图层 4"，将前景色设置为白色，用前景色填充，取消选区，效果如图 3.2.41 所示。

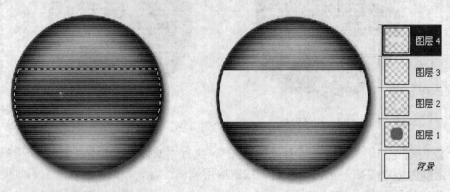

图 3.2.40　选区效果　　　　　　　　图 3.2.41　选区填充效果

(16) 添加文字。选择"图层 4"，其不透明度设置为 50%，将前景色设置为黑色，选择工具箱中的横排文字 T，设置合适的文字字体及大小，在图像中输入文字，得到的效果如图 3.2.42 所示。

(17) 设置文字效果。选择文字图层，单击"确定"面板上的添加图层样式按钮 fx，在弹出的菜单中选择"斜面和浮雕"，在弹出"图层样式"对话框中进行参数设置，设置完毕后，将文字图层的图层混合模式设置为"叠加"，得到图像的最终效果如图 3.2.43 所示。

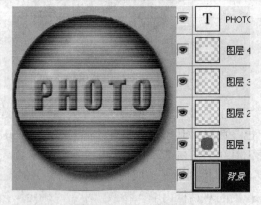

图 3.2.42　添加文字效果　　　　　　　　图 3.2.43　按钮效果

四、案例小结

通过本案例的学习，掌握图案样式的图案填充和描边，选区边缘调整与选区的修改，自定义图案进行填充，熟悉特殊方法的图案填充。

五、案例拓展

在本案例中定义图案进行填充时，生成的图案为一个水平图案，如果要生成有一定倾斜角的斜线方法如下。

(1) 常规法。过程如图 3.2.44 所示，从图中可以看出，在拼成图案的接头处有不平滑的地方。

图 3.2.44　常规图案填充效果

(2) 补充法。由于上述不平滑的处理，对定义的图案进行适当的填充，效果如图 3.2.45 所示。

图 3.2.45　平滑填充效果

(3) 旋转法。除了上述填充补充的方法之外，还有一种方法是先定义水平横线，然后再进行自由变换，还可以选定义水平横线后进行行变换，效果如图 3.2.46 所示。

图 3.2.46　旋转法

六、实训练习

根据本案例的方法制作如图 3.2.47 所示的效果图。

图 3.2.47　效果图

【案例 3】　透明婚纱的制作

　　本案例的目的是学习图层模式的滤色功能，蒙版的基本概念，蒙版的类型，熟练掌握图层蒙版的使用，利用橡皮擦进行一些图像的擦除。主要技术有复制图层、图层蒙版、橡皮擦工具、画笔工具、图层模式的应用橡皮擦工具、魔术橡皮擦工具等。

一、案例分析

　　图 3.3.1 所示为素材 1，图 3.3.2 所示为素材 2，图 3.3.3 所示为效果图。

图 3.3.1　素材 1

图 3.3.2　素材 2

图 3.3.3　效果图

在本案例的制作过程中，主要注意以下几个环节。

(1) 在利用魔术橡皮擦工具擦除背景时，要选择适当的容差参数与"连续"选项的合理使用。

(2) 用画笔进行涂抹时，要根据实际情况不断的改变画笔的大小，以达到精确效果。

(3) 图层不透明度参数要合适。

二、技能知识

本案例中主要介绍图层混合模式滤色功能，蒙版的概念与类型，图层蒙版的操作等。

1. 背景橡皮擦工具

背景橡皮擦工具 采集画笔中心的色样，并擦除此工具操作范围内任何位置出现的采样颜色。选择背景橡皮擦工具，其属性选项栏如图 3.3.4 所示。

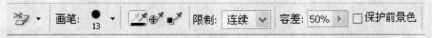

图 3.3.4　背景橡皮擦属性选项栏

取样模式：分别单击 3 个按钮，可以分别用 3 种不同的取样模式进行擦除操作。单击 按钮，可以使用此工具随着移动连续进行颜色取样。单击 按钮，只在开始进行擦除操作时进行一次取样，单击 按钮，以背景色进行取样，从而只擦除图像中有背景色的区域。

限制：在此下拉列表框中选择擦除的限制，其中有"不连续"、"连续"和"查找边缘" 3 个选项，选择"连续"选项，只擦除在容差范围内与取样颜色连续的颜色区域，此选项的作用与"不连续"恰好相反。

容差：此数值用于设定擦除图像时的颜色范围。低容差仅擦除与采样颜色非常相似的区域，高容差将擦除范围更广的颜色。

保护前景色：选中此复选框，可在擦除的过程中保护图像中填充有前景色的图像区域不被擦除。

2. 魔术橡皮擦工具

魔术橡皮擦工具 结合了魔棒选择工具与橡皮擦工具的一些特性，只需一次操作，即可擦除图像中具有相同或容差以内颜色的图像。选择魔术橡皮擦工具，其属性选项栏如图 3.3.5 所示。

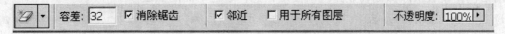

图 3.3.5　魔术橡皮擦工具的选项栏

容差：此数值用于确定擦除图像的颜色的容差范围。

消除锯齿：选择此复选框，可以消除擦除后图像出现的锯齿。

邻近：选中此复选框，魔术橡皮擦工具只对连续的、符合颜色容差要求的像素进行擦除。

注意：对于各种 Photoshop CS3 的中文版，有些版本将"邻近"译成"连续"，两者用法一样。

用于所有图层：选中此复选框，则无论在哪个图层上操作，魔术橡皮擦工具的擦除操作对所有可见图层中的图像都发生作用。

不透明度：此数值框中的数值用于设定擦除时的不透明度。

3. 图层混合模式：滤色

滤色模式与"正片叠底"模式正好相反，它将图像的"基色"颜色与"混合色"颜色结合起来产生比两种颜色都浅的第三种颜色，可以理解为将绘制的颜色与底色的互补相乘，然后除以 255 得到的混合效果，通过该模式转换后的颜色通常很浅，像是被漂白一样，"结果色"总是较亮的颜色。用黑色过滤时颜色保持不变，用白色过滤将产生白色。此效果类似于多个摄影幻灯片在彼此之上投影产生的效果。

由于"滤色"模式的工作原理是保留图像中的亮色，利用这个特点，通常在处理婚纱抠图时采用"滤色"模式，通过调节层的"不透明度"设置就获得饱满的效果。图 3.3.6 显示了"滤色"模式下的图像效果。

图 3.3.6　"滤色"效果

4. 蒙版的基本概念

蒙版可以用来将图像的某些部分分离开来，可以保护图像的某些部分不被编辑。当基于一个选区创建蒙版时，没有选中的区域成为被蒙住的区域，也就是被保护的区域，可防止被编辑或者被修改。利用蒙版，可以将花费很多时间创建的选区存储起来随时调用，另外，也可以将蒙版用于其他复杂的编辑工作，如对图像执行颜色变换或者滤镜效果。

在 Photoshop CS3 中有多种蒙版类型，主要分为快速蒙版、剪贴蒙版、矢量蒙版、图层蒙版这 4 种。

5. 图层蒙版

图层蒙版是使用最频繁的蒙版版式。通过图层蒙版可以隐藏部分图像以达到合成的效果。平面广告设计中经常会使用到图层蒙版，通过图层蒙版可以将两个以上的图像进行合成。

图层蒙版是用于控制图层中不同区域如何被隐藏或显示的功能。可以将多图层文档一起存储。图层蒙版是灰度图像，用黑色在蒙版上涂抹将隐藏当前图层的内容，显示下面的图像；相反，用白色在蒙版上涂抹则会显露当前图层信息，遮住下面的图层。

1）建立图层蒙版的方法

（1）按钮方式。选中一个图层，在"图层"面板中单击添加图层蒙版按钮 ，可在此图层后生成白色图层蒙版，同时在"通道"面板中产生新添加的通道蒙版，如果单击按钮的同时按住"Alt"键，则可以建立一个黑色的蒙版，如图 3.3.7 所示。

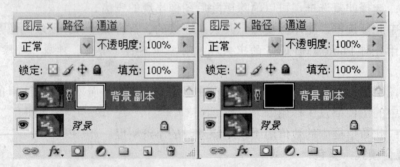

图 3.3.7　图层蒙版效果

110

(2) 菜单方式。选中一个图层,执行菜单中"图层"|"图层蒙版"命令,在子菜单中如果选择"显示全部",则产生一个白色蒙版;如果选择"隐藏全部",则生成一个黑色的蒙版。

当创建一个图层蒙版时,它是自动和图层中的图像链接在一起的,在"图层"面板中图层和蒙版之间有链接符号出现,此时如果移动图像,则图层中的图像和蒙版将同时移动。用鼠标单击链接符号,符号就会消失,此时可以分别针对图层和蒙版进行移动操作。

2) 删除蒙版

(1) 按钮方式。在图层面板中直接拖动图标到删除图层按钮 🗑 上,这时弹出对话框如图3.3.8 所示,提示移去蒙版之前是否将蒙版应用到图层。

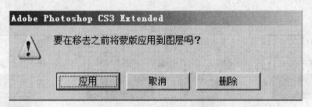

图 3.3.8　图层删除对话框

(2) 菜单方式。在图层面板中选中有蒙版的图层,执行"图层"|"图层蒙版"|"删除"命令,可以选择相关的按钮执行命令。

3) 暂时关闭图层蒙版

图层蒙版可以暂时关掉,可以按住"Shift"键的同时单击图层面板中的蒙版式小图标,或者在菜单中执行"图层"|"图层蒙版"|"停用"命令,此时蒙版被临时关闭,在图层面板中,图层蒙版小图标上有一个红色的"X"标志,如图 3.3.9 所示,如果想重新显示蒙版,可以再次按住"Shift"键的同时单击图层面板中的蒙版小图标,或者执行菜单中的"图层"|"图层蒙版"|"启用"命令,此时蒙版被重新启用。

注意:在图层面板中如果有蒙版的图层为高亮显示,表示当前选中的是图层,所有的编辑操作对图层操作,如图 3.3.10 所示,如果蒙版为高亮显示,表示当前选中的是蒙版,则所有的编辑对蒙版有效,如图 3.3.11 所示。

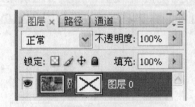

图 3.3.9　停用图层蒙版

图 3.3.10　图层有效

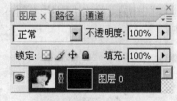

图 3.3.11　蒙版有效

例如,利用图 3.3.12 与图 3.3.13 为给定的素材制作如图 3.3.14 所示的效果。

图 3.3.12　素材 1

图 3.3.13　素材 2

图 3.3.14　效果图

111

操作提示如下。

(1) 将"素材 2"的图像通过移动工具 ▶⊹ 拖到"素材 1"上,得到"图层 1",这时图层效果如图 3.3.15 所示。

(2) 选择"图层 1",单击图层下方的创建图层蒙版按钮 ◙,则图层效果如图 3.3.16 所示。

(3) 前景色设置为黑色,背景色设置为白色。选择工具箱中的"画笔"工具 ✐,调整合适的大小与硬度。

(4) 用画笔工具 ✐ 在适当的地方进行涂抹,得到如图 3.3.17 所示的效果,最终图层效果如图 3.3.14 所示。

 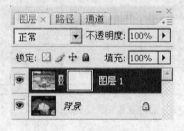 

图 3.3.15　移动图层效果　　　图 3.3.16　蒙版图层效果　　　图 3.3.17　最终图层效果

使用技巧:可以用前景色与背景色交换对蒙版进行修改。

三、操作指南

(1) 打开照片素材。启动 Photoshop CS3,进行其工作界面后,执行"文件"|"打开"(Ctrl+O)命令,在弹出的"打开"对话框中,选择照片素材文件,效果如图 3.3.1 和图 3.3.2 所示的图像。

(2) 移动图像。选择"素材 2"文件,点击工具箱中的移动工具 ▶⊹,拖动"素材 2"的图像到"素材 1"中,在"素材 1"中生成一个新的图层"图层 1",效果如图 3.3.18 所示。

(3) 复制图层。在"图层"面板上将"图层 1"拖到创建新图层按钮 ◙ 上,得到"图层 1 副本"图层,单击"图层 1 副本"缩略图前的指示图层可视按钮 ◉,将其隐藏,效果如图 3.3.19 所示。

图 3.3.18　移动后的效果　　　　　　　　图 3.3.19　复制图层

(4) 背景去除。选择工具箱中的"魔术橡皮擦工具" ◤✐,在"图层 1"的背景上单击,则"图层 1"的背景被去除,将"图层 1"的图层混合模式设置为"滤色",则效果如图 3.3.20 所示。

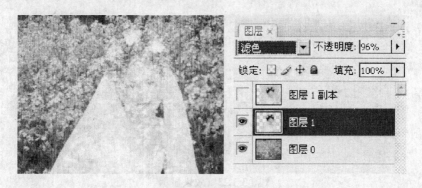

图 3.3.20　图层 1 滤色效果

（5）建立"图层 1 副本"蒙版。单击"图层 1 副本"缩略图前的指示图层可视按钮 👁 ，将其显示，在"图层"面板上选择"图层 1 副本"，单击添加图层蒙版按钮 ▢ ，则在"图层 1 副本"上产生在蒙版，效果如图 3.3.21 所示。

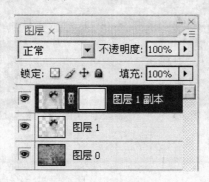

图 3.3.21　图层蒙版

（6）蒙版涂抹。单击"图层 1"缩略图前的指示图层可视按钮 👁 ，将其隐藏。将前景色和背景色分别设置为黑色和白色，选择工具箱中的画笔工具 ✎ ，将图像中除人物之外的区域进行涂抹，效果如图 3.3.22 所示。

图 3.3.22　涂抹效果

（7）显示效果。单击"图层 1"缩览图前的指示图层可视按钮 👁 ，将其显示，将"图层 1"的不透明度调整到 75%，则图层效果显示如图 3.3.23 所示。

（8）添加文字。选择工具箱中的直排文字工具，在图像中输入文字，单击"图层"面板上添加图层样式按钮 *fx* ，在弹出的下拉菜单中选择"外发光"样式，设置如图 3.3.24 所示的样式。

113

图 3.3.23　效果显示

图 3.3.24　效果图

四、案例小结

通过本案例的学习，要求掌握图层混合模式滤色的功能，橡皮擦工具的操作，熟悉蒙版的概念与类型，掌握图层蒙版的实际应用。

五、实训练习

根据给定的如图 3.3.25 所示的素材，利用图层蒙版制作如图 3.3.26 所示的效果图。

图 3.3.25　素材　　　　　　　　　　　　　　　　　　　　　　　图 3.3.26 效果图

【案例 4】　扇子的制作

本案例的目的是利用前面学过的图层知识进行综合应用，其中对一些重复的操作要求用设置动作来完成。主要技术有动作、图层模式、自由变换、橡皮擦工具、蒙版的使用等。

一、案例分析

图 3.4.1 所示为效果图。

图 3.4.1 效果图

在本案例的制作过程中，主要注意以下几个环节。

(1) 在制作动作时，要根据实际大小决定适当的旋转角度参数。

(2) 在"扇骨"上打孔时，画笔与橡皮擦的大小要合适。

(3) 在制作"褶皱"效果时，注意渐变填充的不透明度的大小。

(4) 在最后进行扇面修饰时，可以根据自己的需要对颜色与样式进行适当的调整。

二、技能知识

本案例主要介绍动作的制作，图层混合模式的正片叠底效果。

1. 动作的制作

动作用来记录用户所要执行的操作，以便于在以后的工作中重复使用，从而提高工作效果。

1) "动作"面板

动作的种类操作集中于"动作"面板中，"动作"面板如图 3.4.2 所示。

图 3.4.2 "动作"面板选项

"动作"面板中各个按钮的作用如下。

创建新动作按钮：可以创建一个新的动作。

删除按钮：此按钮用来删除动作。在弹出的对话框中单击"确定"按钮，即可删除当前选择的动作。

　　创建新组 ▭：可以创建一个新动作组。

　　播放选定的动作 ▶：应用当前选择的动作。

　　开始记录 ●：开始录制动作。

　　停止录制 ■：停止录制动作。

　　在"动作"面板中单击"组"、"动作"或"命令"左侧的三角形按钮，可以展开或折叠它们；按住"Alt"键并单击该三角形按钮，可展开或折叠一个"组"中的全部"动作"或一个"动作"中的全部"命令"。

　　在"动作"面板中单击"动作名称"即选择了此动作。按住"Shift"并单击"动作名称"可以选择多个连续的动作；按住"Ctrl"键并单击"动作名称"可以选择多个不连续的动作。

　　2) 录制新动作

　　Photoshop 中已经提供了大量的动作，但是大多数情况下用户需要根据实际情况的变化创建自定义的动作，以满足不同的工作需求。

　　创建新动作的步骤如下。

　　(1) 单击"动作"面板下的"创建新组"按钮 ▭，在弹出的"新建组"对话框中办公设备组名称后单击"确定"按钮。

　　(2) 单击"动作"面板中"创建新动作"按钮 ▣，或单击"动作"面板菜单中的"新建动作"命令，弹出如图 3.4.3 所示的对话框。

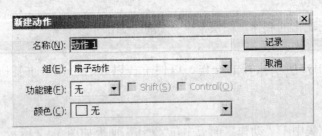

图 3.4.3　"新建动作"对话框

　　名称：在此文本框中输入新动作的名称。

　　组：在此下拉列表中输入新动作组的名称。

　　功能键：在此下拉列表框中选择一个功能键，从而实现按功能键即可应用动作的功能。

　　颜色：在此下拉列表框中选择一种颜色作为在"动作"面板按钮显示模式下新动作的颜色。

　　3) 应用已有动作

　　"动作"面板中已经对已有的动作做了简单的分类和命名，要应用已经存在的动作，可在"动作"面板中根据需要选择动作，然后可在"动作"面板菜单中选择"应用"命令。

　　4) 继续录制动作

　　在录制动作的过程中，有时候并不是一次性完成，单击"停止记录"按钮 ■ 可以结束一次动作的记录，但用户仍然可以根据需要在动作中继续记录其他命令。这样就可以方便我们分几步将一个较长的动作完整地录制下来，操作步骤如下。

　　(1) 在"动作"面板中选择一个命令。

　　(2) 单击"动作"面板底部的"开始记录"按钮 ●。

(3) 执行需要记录的操作。

(4) 继续录制动作完毕后，单击"停止记录"按钮▇。

2. 图层混合模式：正片叠底

"正片叠底"模式用于查看每个通道中的颜色信息，利用它可以形成一种光线穿透图层的幻灯片效果。其实就是将"基色"颜色与"混合色"颜色的数值相乘，然后再除以 255，便得到了"结果色"的颜色值。"结果色"总是比原来的颜色更暗。任何颜色与黑色"正片叠底"模式操作时，得到的颜色仍为黑色，与白色混合保持不变。用黑色或白色以外的颜色绘画时，绘画工具绘制的连续描边产生逐渐变暗的颜色，效果如图 3.4.4 所示。

图 3.4.4　模式比铰

(a) 正常模式；(b) 正片叠底模式；(c) 蓝色正片叠底。

三、操作指南

(1) 建立文件。执行"文件"|"新建"命令(Ctrl+N)，弹出"新建"对话框，新建一个文件，大小为 700×500 像素，白色背景。选择工具箱中的椭圆选框工具◯，画一个圆形选区，再选择工具箱中的矩形选框工具▢，将属性设置为"添加到选区"▇，建立一个长方形选区，单击"图层"面板上创建新图层按钮，新建"图层 1"，设置前景色 RGB(210，140，70)，在"图层 1"上用前景色填充，将"图层 1"的图层名改为"扇骨"，效果如图 3.4.5 所示。

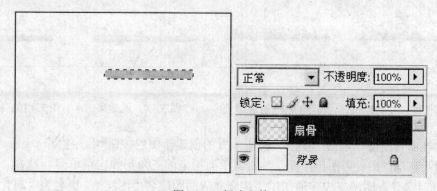

图 3.4.5　新建文件

(2) 扇骨图层的样式设置。单击"图层"面板下方的添加图层样式按钮 *fx*，分别设置"投影"、"斜面和浮雕"效果，在设置"斜面和浮雕"效果时，选中"纹理"项，并设置一种木纹

117

的图案。设置参数如图 3.4.6 所示。

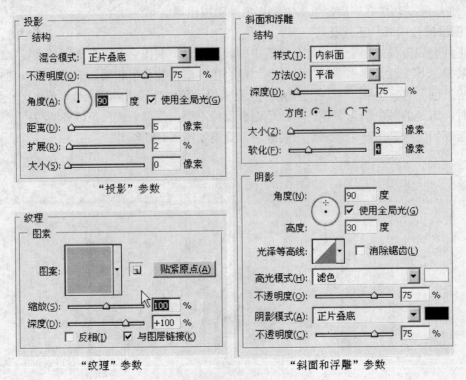

图 3.4.6 "扇骨"样式参数设置

(3) 扇骨变形。执行"编辑"|"自由变换"命令，在画面出现调节点后，按住"Ctrl+Shift+Alt"键同时拖动调节点，变形后效果如图 3.4.7 所示。

(4) 扇骨打孔。选择工具箱中的橡皮擦工具，设置橡皮擦大小为适当的像素，在扇骨上擦出几个小点，如图 3.4.8 所示。

(5) 修饰孔。将前景色设置为白色，选择工具箱中的画笔工具，设置画笔大小为 4 个像素，在孔的旁边点一下，增加立体效果，效果如图 3.4.9 所示。

(6) 确定扇子旋转轴心。从标尺中拖出参考线，效果如图 3.4.10 所示。

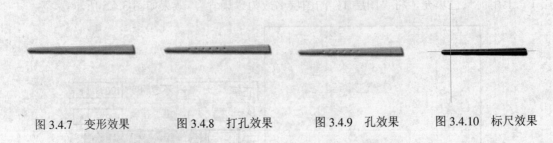

图 3.4.7 变形效果　　图 3.4.8 打孔效果　　图 3.4.9 孔效果　　图 3.4.10 标尺效果

(7) 转换扇骨图层。单击"图层"面板下方的创建新图层按钮 ，建立一个新"图层 1"，将"图层 1"移动"扇骨"图层下面，单击菜单面板上的三角形弹出菜单 ，选择"向下合并"选项，这样"扇骨"图层变成普通图层，将合并后的图层名"图层 1"更名为"扇骨"，效果如图 3.4.11 所示。

(8) 变换扇骨。执行"编辑"|"自由变换"命令，将扇骨旋转一个角度，效果如图 3.4.12 所示。

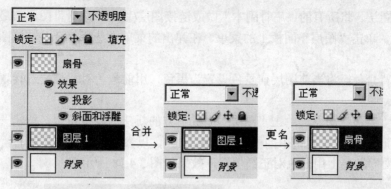

图 3.4.11　转换图层过程

(9) 制作所有扇子的动作。打开"动作"面板，单击"动作"面板下方的建立新组按钮□，在弹出对话框中的设置如图 3.4.13 所示，单击"确定"按钮。单击"动作"面板下的创建新动作按钮□，开始建立一个新动作，在弹出对话框中的设置如图 3.4.14 所示。单击开始记录按钮●开始记录动作，这时"动作"面板录制按钮为红色，表示开始录制一个新的动作。

图 3.4.12　旋转扇骨　　　　　图 3.4.13　新建组　　　　　图 3.4.14　建立新动作

(10) 动作制作。切换到"图层"面板，拖动图层"扇骨"到创建新图层按钮□上，复制出一个"扇骨副本"图层。执行"编辑"I"自由变换"命令，移动旋转中心到参考线的交叉点上，设置旋转角度为-10°，将扇骨旋转一个角度，效果如图 3.4.15 所示。单击"动作"面板上停止记录动作按钮■，结束动作的记录，此时记录按钮变为灰色。

(11) 运用动作复制图层。转换到"图层"面板，将"扇骨副本"设为当前操作层，转换到"动作"面板，单击"动作"面板上的播放选定动作按钮▶，自动生成了一个具有旋转角度的"扇骨"，重复多次生成效果如图 3.4.16 所示。

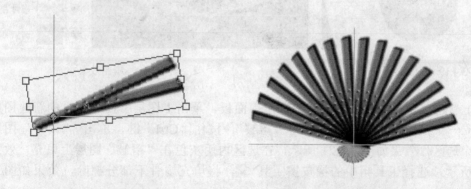

图 3.4.15　创建动作效果　　　　　图 3.4.16　应用动作效果

(12) 合并图层。将所有的"扇骨副本"做成链接图层(留下"扇骨"图层与最后一个"扇骨副本"不合并)，单击"图层"面板上的菜单，在弹出的菜单中选择"合并链接图层"选项，将图层合并。

(13) 设置背景色。将当前图层前景色设置为黑色，用前景色对背景层进行填充，效果如图3.4.17所示。

(14) 制作"纸面"图层。单击"图层"面板下方的新建图层按钮，新建一个图层，更改图层名为"纸面"。选择工具箱中的椭圆选框工具，以参考线的交点为圆心，制作一个正圆选区，在"纸面"图层上用白色对正圆填充，效果如图3.4.18所示。

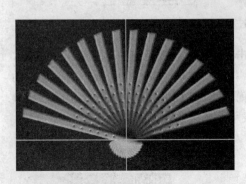
图3.4.17 黑色背景效果

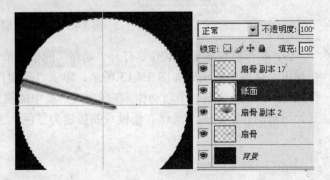
图3.4.18 "纸面"图层效果

(15) 删除多余纸面。选择工具箱中的椭圆选框工具，以参考线的交点为圆心，制作小的正圆选区，在"纸面"图层上按"Delete"键进行白色多余区域的删除，效果如图 3.4.19所示。

(16) 再删除多余纸面。移动"扇骨"与最后一根扇骨"扇骨副本 17"到"纸面"图层上面，选择工具箱的椭圆选框工具，建立实际扇面的选区，然后执行"选择"I"反向"命令，选择"纸面"图层，按"Delete"键，将扇面以外的区域删除，取消选区，效果如图3.4.20所示。

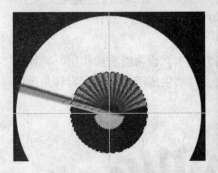
图3.4.19 删除效果

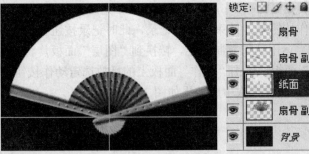
图3.4.20 扇面效果

(17) 新建"褶皱"图层。选择"图层"面板，单击"图层"面板下方的新建图层按钮，建立一个图层，将图层名更改为"褶皱"，按住"Ctrl"键，单击"扇骨"图层，则得到一个选区，效果如图4.3.21所示，在选区内用灰色在"褶皱"图层上填充，效果如图3.4.22所示，选择工具箱中的橡皮擦工具，将填充扇骨下部分擦除，效果如图 3.4.23所示。

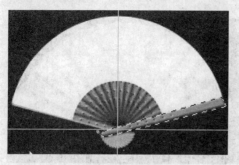

图 3.4.21　选区效果

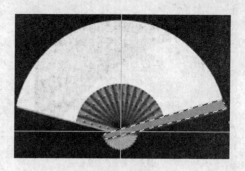

图 3.4.22　填充效果

(18) 用动作"复制骨架"复制"褶皱"图层。选择"褶皱"图层，转换到"动作"按钮，选择"复制骨架"动作，单击"动作"面板上的播放选定动作按钮 ▶，并重复多次，从而得到如图 3.4.24 所示的多个灰色阴影。

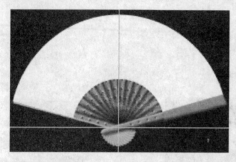

图 3.4.23　擦除后的效果

图 3.4.24　复制后的褶皱

(19) 渐变填充。按住"Ctrl"键，单击"褶皱"图层，则得到一个选区，选择工具箱上的渐变填充工具，渐变类型为线性渐变，在选区内画出黑—白渐变，取消选区，效果如图 3.4.25 所示。

(20) 多个褶皱的制作。用上述同样的方法制作其他褶皱图层的渐变，并适当改变不同褶皱图层的不透明度，结果如图 3.4.26 所示，合并所有的扇面与褶皱图层。

图 3.4.25　阴影效果

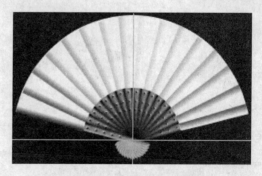

图 3.4.26　整体阴影效果

(21) 扇边缘的制作。选择工具箱中的多边形套索工具，沿着扇面边缘建立如图 3.4.27 所示的选区。

(22) 多余边的删除。将建立的选区反选，删除多余的区域。效果如图 3.4.28 所示。

(23) 扇面修饰。打开一幅画，将画面复制到扇面面上，将多余部分进行删除，修改扇面背景，效果如图 3.4.1 所示。

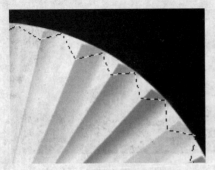

图 3.4.27　扇子边缘选区　　　　　　　　　图 3.4.28　扇子边缘效果

四、案例小结

通过本案例的学习，对图层的知识进行综合的应用，掌握动作制作的方法，动作的应用，图层混合模式正片叠底模式的效果。

五、实训练习

利用给定的素材制作如图 3.4.29 所示的效果图。

图 3.4.29　效果图

第4章 Photoshop CS3 蒙版与通道的应用

┤本章学习要点├

◆ 理解基本概念：通道的概念、通道的种类、通道面板、颜色通道、图层混合模式中的排除、通道抠图原理、蒙版等基本概念。

◆ 熟悉基本操作：专色通道、快速蒙版等。

◆ 掌握基本操作：通道面板的功能操作、Alpha 通道等基本操作，并灵活运用各种类型的通道抠图和应用蒙版进行一定的创意效果设计。

【案例1】 图像穿插效果的制作

本案例的主要目的是了解通道的功能，熟悉通道的种类，掌握通道的操作与图像混合模式中的"排除"模式的用法。主要技术有标尺工具、移动工具、矩形选框工具、文字工具、图层混合模式等。

一、案例分析

图 4.1.1 所示为原图，图 4.1.2 所示为效果图。

图 4.1.1 原图

图 4.1.2 效果图

在案例的操作过程中主要注意以下几点。

(1) 在设置参考线时，要注意位置，保证人物图像的完整性。

(2) 在进行各通道的移动时，要保持别的通道的可视性，否则调整后的图像会不整齐。

123

(3) 在通道修改时，要以参考线为标准。

二、技能知识

本案例主要介绍了通道的概念、通道的种类、通道面板、颜色通道的功能以及图层混合模式中的排除模式的功能。

1. 通道的概念

通道是用来保存图像颜色信息的一个载体。当打开新图像时，Photoshop 会自动根据图像的模式创建颜色信息通道，颜色通道的数目是固定的。图像的颜色模式确定所创建的颜色通道数目。例如，一幅 RGB 三原色图有 3 个默认通道：红、绿、蓝；但如果是一幅 CMYK 图像，就有了 4 个默认通道：青、品红、黄和黑。由此看出，每一个通道其实就是一幅图像中的某一种基本颜色的单独通道。也就是说，通道是利用图像的色彩值进行图像修改的，从某种意义上来说，可以把通道看作摄像机中的滤光镜。下面是一个图像在不同的独立通道下的情况，如图 4.1.3 所示，分别对应在原图的红、绿、蓝。图 4.1.4 表示了不同颜色模式所对应的不同通道样式。

图 4.1.3　RGB 颜色通道

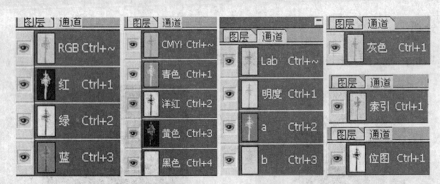

图 4.1.4　几种常见的颜色通道

2. 通道的种类

通道的应用非常广泛，可以用通道来对编辑选区进行操作，也可把通道看作由原色组成的图像。因此可利用滤镜进行各种原色通道的变形、色彩调整、复制粘贴等操作。通道作为图像的组成部分，是与图像的格式密不可分的。图像颜色、格式的不同决定了通道的数量和模式，这一点在通道面板中可以直观地看到。在 Photoshop CS 中的通道主要有复合通道、颜色通道、专色通道、临时通道和 Alpha 通道 5 种类型，图 4.1.5 显示了 5 种不同类型的通道。

3. 通道面板

通道面板如图 4.1.5 所示，指示通道可视性 👁：可以使通道在显示和隐藏之间变换。需要注意的是，由于主通道是个原色的组成，在我们选中隐藏面板中的某一个原色通道时，主通道将会自动隐藏。如果我们选择显示主通道的话，那么它组成的原色通道将会自动显示。例如，在 RGB 模式的图像中，如果我们选择显示 RGB 通道，则 R 通道、G 通道、B 通道都自动显示。

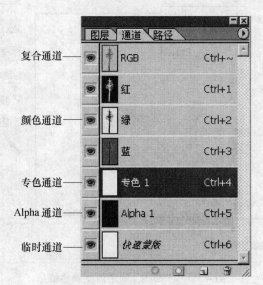

图 4.1.5　不同类型的通道显示

通道的缩略图 ：可以通过菜单中的选项来改变它的大小。

通道的快捷键 "Ctrl+2"：按住 "Ctrl+2"，可以选择相应的通道。按住 "Shift" 键，并且在面板中单击某个通道，可以选择或者取消多个通道。

通道载入选区 ：则可以将通道中的颜色比较淡的部分当作选区加载到图像中。这个功能也可以通过按住 "Ctrl" 键并在面板中单击该通道实现。

将选区存储为通道 ：将当前的选区存储为新的通道，而且在按住 "Alt" 键的情况下单击该图标，可以新建一个通道并且为该通道设置参数，如果按住 "Shift＋Ctrl" 键再单击通道，则此时将当前通道的选区加到原有的选取范围中。

创建新通道 ：创建新的通道，如果同时按住 "Alt" 键，可以设置新建通道的参数。如果按住 "Ctrl" 键的话，可以创建新的专色通道。

删除通道 ：删除当前通道。

4. 颜色通道

当在 Photoshop 中编辑图像时，实际上就是在编辑颜色通道。这些通道把图像分解成一个或多个色彩成分，图像的模式决定了颜色通道的数量。RGB 模式有 3 个颜色通道和 1 个复合通道，CMYK 图像有 4 个颜色通道和 1 个复合通道，灰度只有 1 个颜色通道，它们包含了所有将被打印或显示的颜色。在对图像进行调整、绘画或应用滤镜等相关操作时，如果选择了某个通道，则这些操作只是改变当前通道的颜色信息；如果没有选择某个通道，则是改变所有的通道信息。

利用颜色通道可以进行各通道颜色的变化。如图 4.1.6 所示利用曲线对各通道的颜色进行调整，效果如图 4.1.7 所示。

5. 图层混合模式：排除

"排除" 模式与 "差值" 模式相似，但是它具有高对比度和低饱和度的特点，比用 "差值" 模式获得的颜色要更柔和、明亮一些。在处理图像时，首先选择 "差值"，若效果不够理想，可

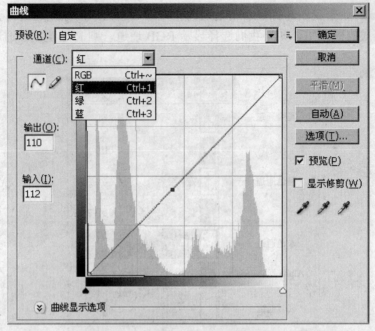

图 4.1.6 "曲线"通道改变颜色信息

(a)   (b)   (c)   (d)

图 4.1.7 利用曲线改变各颜色通道信息的效果对比

(a) 原图；(b) 增加红色通道；(c) 增加绿色通道；(d) 增加蓝色通道。

以选择"排除"模式来试试。其中与白色混合将反转"基色"值，而与黑色混合则不发生变化，图 4.1.8 显示了排除混合模式的效果。其实无论是"差值"模式还是"排除"都能使人物或自然景色图像产生更真实或更吸引人的视觉冲击。"差值"模式得到的结果色具有了底片的效果，"排除"模式除有底片效果外，还增加了图像的饱和度。

图 4.1.8 "排除"模式效果

三、操作指南

(1) 打开图像。执行"文件"|"打开"命令(Ctrl+O)，弹出"打开"对话框，选择需要的素材文件，单击"确定"按钮，打开图片文件。效果如图 4.1.9 所示。

(2) 调出参考线。执行"视图"|"标尺"命令，则在图像上出现标尺，用鼠标在左边与上面标尺上拖动，拖出如图 4.1.10 所示的参考线。

图 4.1.9　素材　　　　　　　图 4.1.10　参考线

(3) 移动"红"通道。切换到"通道"面板，点击工具箱中的移动工具，选择"红"通道，并保持其他通道也处于显示状态，移动"红"通道所在的图像，图像效果也会随着通道移动产生变化，效果如图 4.1.11 所示。

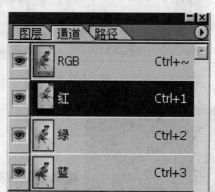

图 4.1.11　"红"通道的移动

(4) 移动"绿"通道。选择"绿"通道，并保持其他通道也处于显示状态，移动"绿"通道所在的图像的位置，图像效果也会随着通道移动产生变化，效果如图 4.1.12 所示。

(5) 移动"蓝"通道。选择"蓝"通道，并保持其他通道也处于显示状态，移动"蓝"通道所在的图像的位置，图像效果也会随着通道移动产生变化，效果如图 4.1.13 所示。

(6) "红"通道的修改。将背景色设置为黑色，选择工具箱中的矩形框工具，选择"红"通道，以参考线为标准，建立选区，按"Delete"键删除通道的一部分，效果如图 4.1.14 所示。

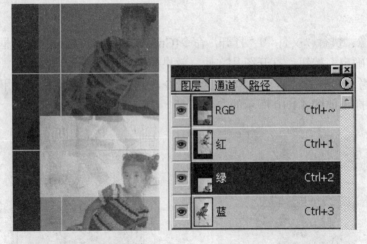

图 4.1.12　"绿"通道的移动

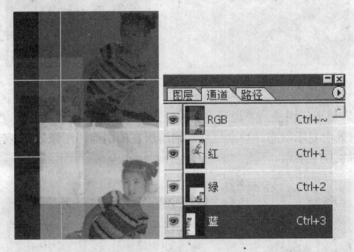

图 4.1.13　"蓝"通道的移动

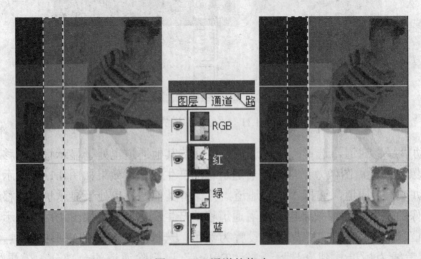

图 4.1.14　通道的修改

(7) 完美通道。同样的方法对通道进行了适当的修改，最终效果如图 4.1.15 所示。

(8) 文字添加。切换到"图层"面板，选择文字工具，在图像上输入"Photoshop"文字，调整合适的字体与大小，将图层混合模式设置为"排除"，执行"视图"|"清除参考线"命令，则图像效果如图 4.1.16 所示。

图 4.1.15　通道效果

图 4.1.16　效果图

四、案例小结

通过本案例的学习，理解通道的概念，熟悉通道的类型，掌握通道的一些常规操作，与通道的艺术效果应用。学会运用图层混合模式的"排除"模式进行实际应用。

五、实训拓展

本案例中利用通道进行效果设置，有时为了设置的需要常常需要建立临时通道，这里对临时通道进行简单的介绍。

临时通道是通道面板中暂时存在的通道。在图层面板中新建一个蒙版或者进入快速蒙版时，在通道面板中就会出现相应的临时通道，所以临时通道是根据图层面存在的。当选择的图层没有创建相关的蒙版，那么在通道中就不会出现临时通道。当进行快速蒙版时，在通道面板中会显示快速蒙版的临时通道；当退出快速蒙版时，临时通道也会消失。图 4.1.17 显示了快速蒙版的临时通道。

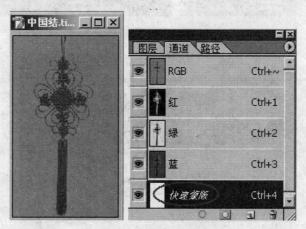
图 4.1.17　临时通道

六、实训练习

利用给定的素材制作如图 4.1.18 所示的效果。(提示：利用通道的色阶调整并复制)

图 4.1.18　原图与效果图

【案例 2】　书法字的制作

本案例的目的是学习通道类型中的 Alpha 通道的操作，理解 Alpha 通道的概念，学会利用 Alpha 通道进行图像效果的制作。主要技术有通道的计算、图像的调整、画笔工具、图层样式应用、渐变填充、文字工具等。

一、案例分析

图 4.2.1 所示为素材，图 4.2.2 所示为效果图。

图 4.2.1　素材

图 4.2.2　效果图

130

在案例的操作过程中主要注意以下几点。

(1) 在进行颜色通道的选择时，要根据实际情况确定。

(2) 在进行图像计算时，要由前面的观察效果确定混合模式的方式。

(3) 用画笔进行文字涂抹时，可以将画笔设置为比较大的值，这样操作速度比较快。

(4) 图层样式设置时，可以自己设计各种样式以增加图像的创意效果。

(6) 对文字可以用"自由变换"进行适当的大小调节。

二、技能知识

1. 本案例主要介绍了 Alpha 通道和通道的计算功能

1) 基本概念

Alpha 通道，是计算机图形学中的术语，指特别的通道，是为保存选择区域存在的通道，是使用最多的通道之一。Alpha 的白色区域是被选择的区域，黑色区域是未被选择的区域，灰色区域是带有羽化效果的区域。由于 Alpha 通道本身是灰度图像，所以可以使用更多的编辑图像命令对其进行处理，以载入选区。如果制作了一个选区，然后将其存储下来，就可以将这个选区存储为一个永久的 Alpha 选区通道，此时，通道面板中会出现一个新的通道层，通常会以 Alpha1、Alpha2 方式命名，这就是通常所说的 Alpha 选区通道。

Alpha 通道是用来存储和编辑选区的，也可以被用作图像的蒙版，存放在 Alpha 通道中可以使选区变为永久保留并能重复使用。有时，它特指透明信息，但通常的意思是"非彩色"通道。可以说在 Photoshop 中制作出的各种特殊效果都离不开 Alpha 通道，它最基本的用处在于保存选取范围，并不会影响图像的显示和印刷效果。

在编辑 Alpha 通道时需要掌握以下原则。

(1) 用黑色作图可以减少选区。

(2) 用白色作图可以增加选区。

(3) 用介于黑色与白色间的任意一级灰色作图，可以获得不透明度小于 100% 且边缘具有羽化效果的选区。

2) 保存选区创建 Alpha 通道

在 Alpha 通道中创建的形状可以转换为选区，同样，在图像中存在选区的情况下，通过执行"选择" | "存储选区"命令，也可以将选区保存为通道，选择此命令后弹出如图 4.2.3 所示的对话框。

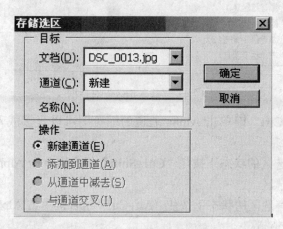

图 4.2.3　存储选区对话框

文档：该下拉列表框中显示了所有已打开的尺寸与当前操作图像文件相同的文件的名称，选择这些文件名称可以将选区保存在该图像文件中，如果在下拉列表框中选择"新建"命令，则可以将选区保存在一个新文件中。

通道：在"通道"下拉列表框中列出了当前文件中已存在的 Alpha 通道名称及"新建"选项。如果选择已有的 Alpha 通道，可以替换该 Alpha 通道所保存的选区。如果选择"新建"选项可以创建一个新 Alpha 通道。

新建通道：选择该项可以添加一个新通道。如果在"通道"下拉列表框中选择了一个已存在的 Alpha 通道，则"新建通道"选项将转换为"替换通道"，选择此选项可以用当前选区生成的新通道替换所选择的通道。

添加到通道：在"通道"下拉列表框中选择一个已存在的 Alpha 通道时，此选项可被激活。选择该项可以在原通道的基础上添加当前选区所定义的通道。

从通道中减去：在"通道"下拉列表框中选择一个已存在的 Alpha 通道时，此选项可被激活。选择该项可以在原通道的基础上减去当前选区所创建的通道。即在原通道中以黑色金属填充当前选区。

与通道交叉：在"通道"下拉列表框中选择一个已存在的 Alpha 通道时，此选项可被激活。选择该项可以在原通道与当前选区所创建的通道的重叠区域。

3) 将通道作为选区载入

既可以将选区保存为 Alpha 通道，也可以将通道作为选区载入。在"通道"面板中选择一个通道，单击"通道"面板下方的"将通道作为选区载入"按钮，即可将此 Alpha 通道所保存的选区载入。

除此之外，也可以选择"选择" | "载入选区"命令，按需设置弹出的如图 4.2.4 所示的对话框。

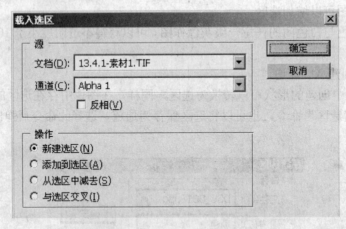

图 4.2.4　"载入选区"对话框

新建选区：按住"Ctrl"键单击 Alpha 通道的缩览图可以直接载入此 Alpha 通道中保存的选区。

添加到选区：在有选区的状态下按住"Ctrl+Shift"组合键单击 Alpha 通道的缩览图，可增加 Alpha 通道所保存的选区。

从选区中减去：在有选区的状态下按住"Alt+Ctrl"组合键单击 Alpha 通道的缩览图，可以减去 Alpha 通道所保存的选区。

与选区交叉：按住"Alt+Ctrl+Shift"组合键单击 Alpha 通道的缩览图，可以得到当前选区与 Alpha 通道中保存的选区交叉的选区。

2. 通道的计算

通道的计算是指将两个通道中相对应的像素的灰度值按一定数学公式进行计算，并将结果保存到目标通道或新通道中，而计算的方法由指定的混合模式确定。Photoshop CS3 允许对来自不同文件的两个通道进行计算，但这两个文件必须具有完全相同大小和分辨率。这是因为 Photoshop CS3 需要比较现在相同位置上的像素，该位置在通道上被影响并最后被替换。

执行"图像"|"计算"命令可出现如图 4.2.5 所示的"计算"对话框。

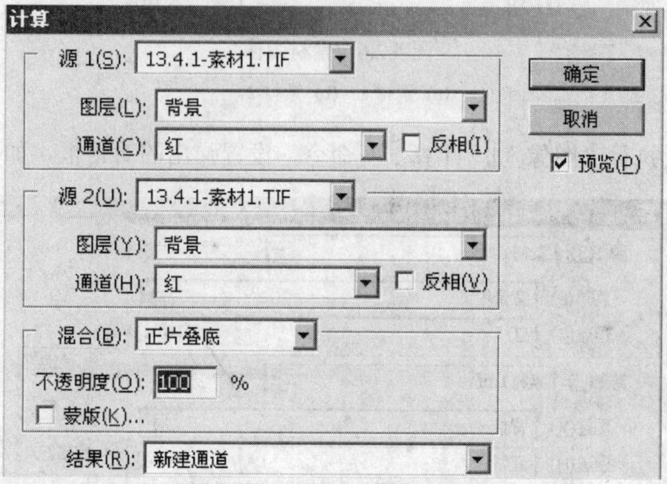

图 4.2.5　"计算"对话框

源 1：可选择用于计算的第一源图像文件。

源 2：可选择用于计算的第二源图像文件。

通道：选择用于计算的通道名称。

混合：选择两个通道进行计算时运用的混合模式。

不透明度：在此栏目中输入数值即可以控制进行计算时采用的不透明度。

蒙版：选择此复选项则可以在通道计算时运用蒙版。

结果：在此提供了 3 个选择，"新建通道"选项则在当前图像文件中生成一个新的通道；"新建文档"选项生成一个仅有一个通道的多通道模式图像；"选区"选项则生成一个新的选区。

预览：选择此项可在当前文件中预览图像效果。

图层：选择用于计算的图层。

反相：选择此选项则与当前通道反相。

三、操作指南

(1) 打开图像。执行"文件"|"打开"命令(Ctrl+O)，弹出"打开"对话框，选择需要的素材文件，单击"确定"按钮，打开本案例需要处理的两幅素材文件。效果如图 4.2.6 所示。

(2) 选通道。选择素材 1，切换到"通道"面板，分别观察红、绿、蓝通道，查看这 3 个通道的效果，从中选择与背景差异最明显的通道，在此选择的是"红"通道。

(a)

(b)

图 4.2.6　素材图像

(a) 素材 1；(b) 素材 2。

(3) 设置参数。执行"图像"|"计算…"命令，设置弹出的对话框，如图 4.2.7 所示。

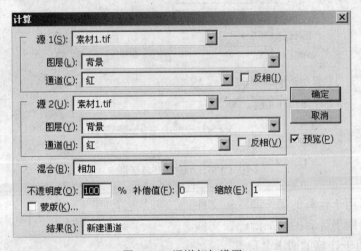

图 4.2.7　通道相加设置

(4) 得出结果。单击"计算"对话框中的"确定"按钮，则得到新通道"Alpha1"。效果如图 4.2.8 所示。

(5) "Alpha1"反相。选择"Alpha1"通道，执行"图像"|"调整"|"反相"命令，则效果如图 4.2.9 所示。

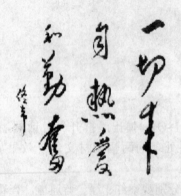

图 4.2.8　新通道"Alpha1"

图 4.2.9　"反相"通道

134

(6) 修饰文字。设置前景色为白色，选择画笔工具 ✐，设置适当的画笔大小，设置画笔的混合模式为"叠加"。对图像中的文字处进行涂抹，以使黑色的字更加清晰地显示出来，效果如图 4.2.10 所示。

☞使用技巧：在执行涂抹时，可以将画笔笔刷调得大一点，这样才能以比较快的速度完成制作。

(7) 载入选区。按住"Ctrl"键单击"Alpha1"通道的缩览图以载入选区。

(8) 选区移动。转换到"素材 2"文件，将"素材 1"的选区移动到素材 2 图像中。

(9) 建立新图层。单击其图层面板下方的创建新图层 ◻，在"素材 2"中建立"图层 1"的新图层。

(10) 填充图层。选择工具箱中的渐变填充工具 ▭，在"素材 2"的"图层 1"上用渐变填充选区，效果如图 4.2.11 所示。

图 4.2.10　修改后的文字　　　　　　　图 4.2.11　渐变填充后的效果

(11) 图层样式应用。选择"素材 2"的"图层 1"，执行"图层"|"图层样式"命令，对"图层 1"进行适当的图层样式的设置，效果如图 4.2.12 所示。

图 4.2.12　效果

(12) 图层转换。选择"素材 2"的"背景"图层，将"背景"图层改为"图层 0"，单击"图层"面板下方的新建图层按钮 ◻，新建"图层 2"，将"图层 2"移动到"图层 0"下方，用白色对"图层 2"填充，将"图层 0"的图层混合模式设置为"差值"，则效果如图 4.2.13 所示。

图 4.2.13　效果图

四、案例小结

　　通过本案例的学习，学会利用通道生成不规则形状的选区，理解 Alpha 通道的概念，熟悉 Alpha 通道和各种操作。

五、实训练习

　　利用给定的素材，用所学知识对图像进行抠图，效果如图 4.2.14 所示。

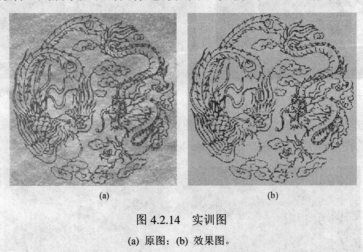

(a)　　　　　　　　　　　　　(b)

图 4.2.14　实训图

(a) 原图；(b) 效果图。

　　提示：利用不同通道颜色的最大差值进行计算，计算参数如图 4.2.15 所示。

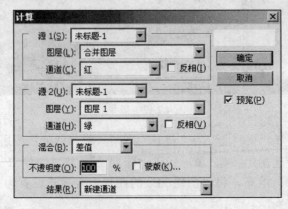

图 4.2.15　实训提示

136

【案例 3】 专色通道的应用

本案例的主要目的是学习专色通道的概念、专色通道的操作与相关应用。主要技术有专色通道应用、自由变换、钢笔工具、路径转换等。

一、案例分析

图 4.3.1 所示为素材图片；图 4.3.2 所示为效果图。

(a)　　　　　　　　　　　　　(b)

图 4.3.1　素材图片　　　　　　　　　　　图 4.3.2　效果图

(a) 素材 1；(b) 素材 2。

在案例的操作过程中主要注意以下几点。

(1) 建立专色通道之前要建立选区。

(2) 对复制的专色通道要进行适当的自由变换，以保证图像的完整性。

(3) 在专色通道设置颜色时，可以根据不同的图像设置不同的颜色。

二、技能知识

本案例主要涉及的技能知识是专色通道的基本概念及相关操作。

1. 专色通道的基本概念

专色通道是一种特殊的颜色通道，它可以使用除了青、品红、黄、黑以外的其他印刷颜色。

通常来讲，彩色印刷品都是通过黄、品红、青、黑四种原色油墨混合制成，但是由于印刷油墨本身存在一定的颜色偏差，印刷品在再现一些纯色，如红、绿、蓝等颜色时会出现很大的误差，因此在一些高档印刷制作中，人们往往在黄、品红、青、黑 4 种原色油墨以外加印一些其他颜色，以便更好地再现其中的纯色信息，这些加印的颜色就是我们所说的专色。另外，如果我们为了特殊变化使用金色、银色、荧光、夜光、烫金、烫银等油墨来印刷，这些颜色也是一种专色油墨。

在一般的图像处理软件中，都设有完备的专色油墨列表。只要选择需要的专色油墨，就会生成与其相应的专色通道。专色通道与原色通道恰好相反，用黑色代表选择的区域，白色代表未补充选择的区域。

2. 创建专色通道

创建专色通道的方法有多种。

方法一：打开一幅图，并在图像上创建选区。按住 "Ctrl" 键单击 "通道" 面板中的创建新通道按钮  可创建新通道。

方法二：打开一幅图，并在图像上创建选区。单击"通道"面板右上角的扩展按钮 ▾≡，在弹出的下拉菜单中选择"新建专色通道"选项，弹出如图 4.3.3 所示的"新建专色通道"对话框，单击"确定"按钮新建专色通道。

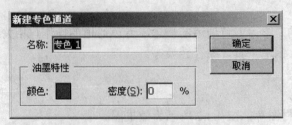

图 4.3.3　"新建专色通道"对话框

名称：设置新建专色通道的名称。

颜色：单击颜色块，弹出"拾色器"对话框，可以选择专色通道的颜色，该颜色在印刷时会起到作用。

密度：该选项用于设置专色通道的密度，可以在操作时模拟印刷效果，但不会影响真正的印刷。

方法三：除了用选区创建专色通道外，将 Alpha 通道转换为专色通道。

首先，在"通道"面板中选择"Alpha 通道"，双击其通道缩览图，或者单击"通道"面板上的扩展按钮 ▾≡，在弹出的下拉菜单中选择"通道选项"命令。

其次，在弹出如图 4.3.4 所示的"通道选项"对话框中勾选"专色"复选框，单击颜色框，在"拾色器"对话框中选取颜色。

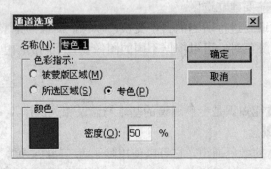

图 4.3.4　"通道选项"对话框

最后，设置完毕单击"确定"按钮，包含灰度值的通道区域转换为专色通道。

3. 专色通道与颜色通道融合

专色通道可以合并到颜色通道中，该功能主要用于在桌面打印机上打印专色图像的单页校样，能够直接看到图像的实际效果。具体方法如下。

首先，在"通道"面板中选择专色通道，隐藏其他通道。选择工具箱中的渐变工具，在工具选项栏中进行渐变类型的设置。

然后，使用渐变工具在图像窗口中拖动填充渐变。单击"通道"面板上的扩展按钮 ▾≡，在弹出下拉菜单中选择"合并专色通道"命令，完成专色通道与颜色通道的合并过程。这时的专色通道消失，其内容已融入到各个颜色通道，效果如图 4.3.5 显示了专色通道的融合过程。

提示：专色通道与颜色通道合并后的颜色与原颜色通道中的颜色有差异，因为 CMYK 油墨无法显示专色油墨的色彩范围。在"通道"面板中，专色通道会按次序排列在原色通道下方，

图 4.3.5 专色通道与颜色通道融合过程

不能移动到原色通道上面，除非图像颜色模式为多通道模式，默认情况下，Alpha 通道会排列在专色通道的下方，但它们排序可以改变。

三、操作指南

(1) 打开图像。执行"文件"|"打开"命令(Ctrl+O)，弹出"打开"对话框，选择需要的素材文件，单击"确定"按钮，打开本案例需要处理的两幅素材文件。效果如图 4.3.1 所示。

(2) 建立路径。选择"素材 1"文件，选择工具箱中的钢笔工具 ，沿书页边缘建立闭合路径，切换到"路径"面板，选择建立的路径，效果如图 4.3.6 所示。

(3) 建立选区。在"路径"面板中选择"工作路径"，单击"路径"面板下的将路径载入选区按钮 ，则生成如图 4.3.7 所示的选区。

图 4.3.6 所示工作路径

图 4.3.7 选区效果

(4) 图层复制。切换到"图层"面板，按"Ctrl+J"组合键，则将选区内的内容复制到"图层 1"中。

(5) 建立专色通道。切换到"通道"面板，单击面板上的三角形扩展按钮 ，在弹出的下拉菜单中选择"新建专色通道"命令，进行适当的参数设置，按"确定"按钮，得到新建的专色通道，效果如图 4.3.8 所示。

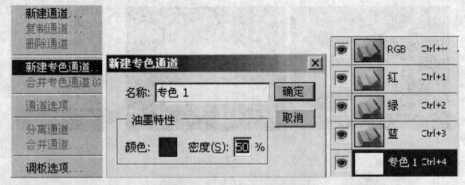

图 4.3.8 建立专色通道的过程

(6) 素材 2 复制。选择"素材 2"文件，按"Ctrl+A"组合键将图像全选，按"Ctrl+C"组合键复制图像。

(7) 粘贴"素材 1"。切换到"素材 1"文件的"通道"面板中，选择"专色 1"通道，按"Ctrl+V"组合键粘贴"素材 1"的图像，得到应用专色通道颜色图像的效果。如图 4.3.9 所示。

图 4.3.9 粘贴后的效果

(8) 调整专色通道。选择粘贴的图像，执行"编辑"I"自由变换"命令进行调整，效果如图 4.3.10 所示。

(9) 切换到"图层"面板，按住"Ctrl"键，单击"图层 1"，建立"图层 1"的选区，效果如图 4.3.11 所示。

(10) 执行"选区"I"反向"命令，将选区反选，切换到"通道"面板，将背景色设置为白色，选择"专色 1"通道，按"Delete"键删除选区中的图像，取消选区，效果如图 4.3.12 所示。

图 4.3.10 自由变换效果　　　图 4.3.11 "图层 1"选区效果　　　图 4.3.12 效果图

140

四、案例小结

通过本案例的学习，了解专色通道的概念，掌握了专色通道的相关操作与效果。

五、实训练习

利用图层蒙版制作照片的朦胧效果，如图 4.3.13 所示。

图 4.3.13　朦胧效果对比

【案例4】　通道头发抠取

本案例的主要目的是学习对复杂图像的通道抠图，了解抠图原理，掌握抠图的技巧与相关的辅助工具。主要技术有画笔工具、磁性套索工具、色阶的应用、图层模式的应用、色相/饱和度调整等。

一、案例分析

图 4.4.1～图 4.4.3 所示为素材，图 4.4.4 所示为效果图。

图 4.4.1　素材 1　　　　　　　　　　图 4.4.2　素材 2

在案例的操作过程中主要注意以下几点。

(1) 在挑选颜色通道时，要注意差别。

(2) 在进行色阶调整时，要适当地注意头发的细节。

(3) 在画笔进行涂抹时，要注意模式的设置，大小的设置。

图 4.4.3　素材 3　　　　　　　　　　　　　　　图 4.4.4　效果图

二、技能知识

本案例中主要介绍通道抠图原理、选择正确的通道技巧、选择色阶和画笔辅助抠图。

1. 通道抠图原理

在颜色通道中，只有黑色、白色和灰色 3 种颜色，层次关系非常明显，白色表示要处理的部分(选择区域)，黑色表示不需要处理的部分(非选择区域)，灰色表示中间的过渡颜色，介于选择与非选择之间。

通道抠图一般分为 5 个步骤。

(1) 选择图像。打开需要进行抠图的图像，观察图像的特征。

(2) 进入通道。通过上述的观察，选择一个合适创建选区的通道，在通道中使用工具或命令使需要创建选区的图像成白色状态，不需要创建选区的图像成黑色状态。

(3) 载入选区。按住"Ctrl"键，用鼠标单击上述通道，载入通道选区。

(4) 回到"图层"面板。

(5) 删除不需要的区域。

2. 选择正确的通道技巧

选择合适的通道抠取图像技巧是关键的。首先了解通道中的颜色，如图 4.4.5 所示通道面板中有 4 个通道，分别是 RGB 通道、红通道、绿通道、蓝通道 4 个通道。观察各通道的图像。

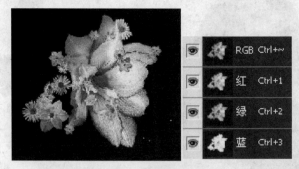

图 4.4.5　原图像与通道

选择红通道，图像呈红通道的色彩，如图 4.4.6 所示。
选择绿通道，图像呈绿通道的色彩，如图 4.4.7 所示。
选择蓝通道，图像呈蓝通道的色彩，如图 4.4.8 所示。
通过对比观察可以发现，蓝通道中的黑色与白色差别最大。因此复制蓝色通道，将蓝

142

色通道进行色阶调整，然后使用画笔工具在花瓣上适当的地方进行涂抹，效果如图 4.4.9 所示。

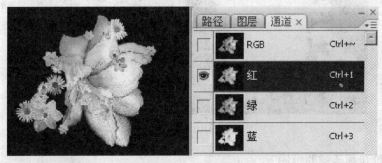

图 4.4.6　红通道图像的效果

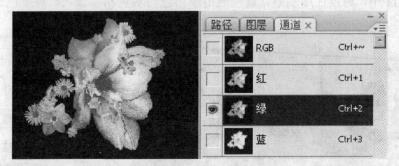

图 4.4.7　绿通道图像的效果

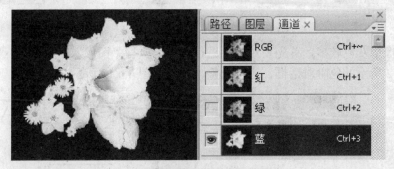

图 4.4.8　蓝通道图像的效果

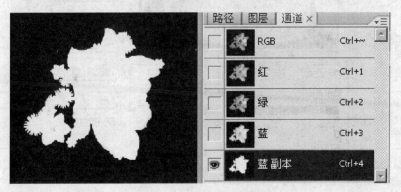

图 4.4.9　编辑蓝通道副本

　　按住"Ctrl"键不放，将蓝通道副本载入的选区，切换到"图层"面板，执行"选择"|"反向"命令，删除背景图像，即得到花朵图像，如图 4.4.10 所示。

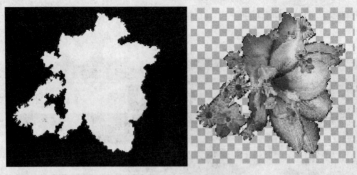

图 4.4.10　效果图

3. 选择色阶和画笔辅助抠图

在图 4.4.11 中，通过仔细观察，蓝色通道中白色与灰色相差较大，对蓝色通道进行复制操作。

图 4.4.11　图像及通道的效果

由于在图像中灰色较多，首先要对色阶进行调整。执行"图像"|"调整"|"色阶"命令，显示如图 4.4.12 所示的色阶对话框，通过调整，效果如图 4.4.13 所示。

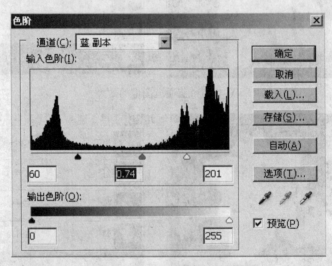

图 4.4.12　"色阶"调整

调整前景色为白色，使用画笔工具将花的背景涂成白色，效果如图 4.4.14 所示。按住"Ctrl"键单击通道的缩略图以载入选区，切换到"图层"面板，执行"Delete"命令，删除背景图像，效果如图 4.4.15 所示。

144

图 4.4.13　调整色阶后的效果　　图 4.4.14　画笔处理的效果　　　图 4.4.15　效果图

使用技巧：将画笔的大小设置成较大，混合模式设置为"叠加"模式，不断地更换白色与黑色对花与背景进行适当的涂抹。

三、操作指南

(1) 打开图像。执行"文件"|"打开"命令（Ctrl+O），弹出"打开"对话框，选择需要的素材文件，单击"确定"按钮，打开本案例需要处理的三幅素材文件。效果如图 4.4.1 所示。

(2) 选择通道。切换到"素材 1"文件，选择图像，观察图像的特征，在这幅图像中，蓝通道的差别比较大，选择蓝通道。

(3) 复制蓝通道。复制蓝通道，效果如图 4.4.16 所示。

图 4.4.16　复制通道效果

(4) 色阶的调整。选择复制的蓝通道，执行"图像"|"调整"|"色阶"命令，设置效果如图 4.4.17 所示。调整后的效果如图 4.4.18 所示。

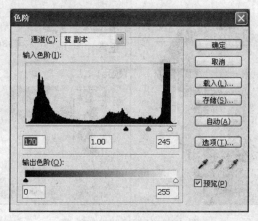

图 4.4.17　色阶调整

145

(5) 画笔调色。将前景色设置为黑色，选择工具箱中画笔工具 🖌️，在图像中人物部分进行涂抹，效果如图 4.4.19 所示。

图 4.4.18　色阶调整后的效果　　　　　　　图 4.4.19　画笔调整后的效果

(6) 反相。执行"图像"|"调整"|"反相"命令，使需要创建选区的图像成白色状态，不需要创建选区的图像成黑色状态。效果如图 4.4.20 所示。

(7) 载入选区。按住"Ctrl"键，用鼠标单击红色通道，载入通道选区，效果如图 4.4.21。

(8) 删除背景。切换到"图层"面板，执行"图层"|"新建"|"通过拷贝图层"命令，建立"图层 1"，得到选区的效果，如图 4.4.22 所示。

图 4.4.20　反相的效果　　　　　　　图 4.4.21　载入选区

图 4.4.22　抠出图像的效果

(9) 建立选区。选择工具箱中的磁性套索工具 ，利用磁性套索工具对人物的衣服建立选区。执行"图层"|"新建"|"通过拷贝图层"命令，建立"图层 2"，得到选区的效果，如图 4.4.23 所示。

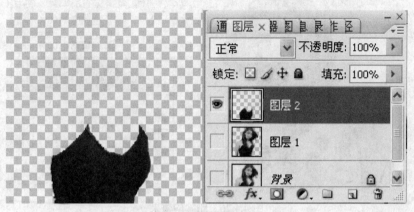

图 4.4.23　复制图层

(10) 移动"素材 2"。切换到"素材 2"文件，选择工具箱中的移动工具 ，拖动"素材 2"到"素材 1"上，在"素材 1"上建立新图层"图层 3"，效果如图 4.4.24 所示。

图 4.4.24　添加图层的效果

(11) 建立选区。按住"Ctrl"键，用鼠标单击"图层 2"，将"图层 2"载入选区，效果如图 4.4.25 所示。

图 4.4.25　选区效果

147

(12) 删除多余区域。选择"图层 3"，执行"选择"|"反向"命令，按"Delete"键，删除多余区域，效果如图 4.4.26 所示。

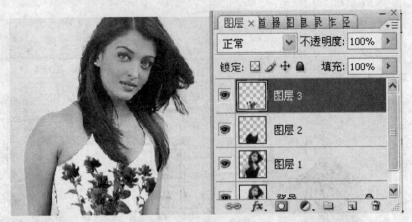

图 4.4.26　删除的效果

(13) 移动"素材 3"。切换到"素材 3"文件，选择工具箱中的移动工具 ，拖动"素材 3"到"素材 1"上，建立"图层 4"，将"图层 4"移动到"图层 1"的下面，效果如图 4.4.27 所示。

图 4.4.27　添加背景效果

(14) 图层模式设置。将"图层 3"的图层混合模式设置为"正片叠底"模式，效果如图 4.4.28 所示。

图 4.4.28　图层的效果

四、案例小结

通过本案例的学习，掌握对毛发等一些形状不规则的图像抠图的方法。

五、案例拓展

在本案例中用色阶与画笔作为辅助抠图工具，除此之外，还可以用曲线和减淡工具作为抠图的辅助工具。

在如图 4.4.29 所示的图像中，经过观察，人物的图像比较复杂，选择白色和灰色相差较大的绿通道，复制绿通道。

(a)　　　　　　　　　　　　　(b)

图 4.4.29　图像与通道效果

(a) 原图；(b) 绿通道。

选择复制后的绿通道，执行"图像"│"调整"│"曲线"命令，得到图 4.4.30 所示的效果，再执行"图像"│"调整"│"反相"命令，调整图像的曲线，得到如图 4.4.31 所示效果，曲线调整如图 4.4.32 所示。

图 4.4.30　曲线调整的效果

图 4.4.31　反相后的效果

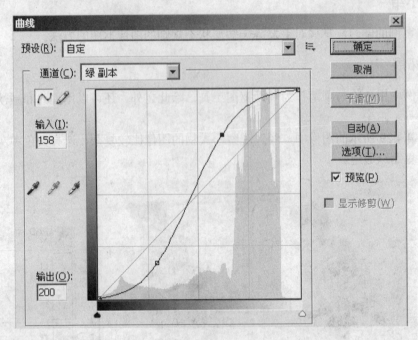

图 4.4.32　曲线调整

设置前景色为白色，使用画笔工具在人物上的黑色部分涂抹，然后选择用减淡工具，在其属性栏中设置范围为高光，对人物进行减淡处理，这里在黑色图像上不会有效果，效果如图4.4.33 所示。按住"Ctrl"键，用鼠标单击通道，载入选区如图 4.4.34 所示。

切换到"图层"面板，执行"图层"|"新建"|"通过拷贝图层"命令，则可以得到抠取的图像。效果如图 4.4.35 所示。

图 4.4.33　减淡后的效果

图 4.4.34　载入选区的效果

图 4.4.35　抠图的效果

六、实训练习

使用通道抠出图中的人物，效果如图 4.4.36 所示。

150

(a)　　　　　　　　　(b)

图 4.4.36　实训图

(a) 原图；(b) 效果图。

【案例5】 快速蒙版抠图

本案例的主要目的是学会利用快速蒙版进行复杂图像的抠图。主要技术有画笔工具、快速蒙版、多边形套索工具、自由变换、橡皮擦工具、曲线调整亮度等。

一、案例分析

图 4.5.1 所示为素材，图 4.5.2 所示为效果图。

(a)　　　　　　　　　(b)

图 4.5.1　素材
(a) 素材 1；(b) 素材 2。

图 4.5.2　效果图

在案例的操作过程中主要注意以下几点。

(1) 建立快速蒙版时，要灵活地调整画笔大小。

(2) 对蒙版区域调整时，适当进行前景与背景的切换。

(3) 在进行人物头像调整时，要注意移动"自由变换"的中心调整点。

(4) 在进行"自由变换"角度旋转时，最好用标尺工具大概量一下旋转角度。

二、技能知识

本案例主要介绍快速蒙版的操作方法与应用。

1. 快速蒙版

工具栏中前景色和背景色下方有一个按钮，通常情况为"以标准模式编辑" ，单击此按钮可以切换到"以快速蒙版模式编辑"按钮，进入快速蒙版模式中。

2. 快速蒙版模式抠图的原理

快速蒙版模式可以不需要依靠图层面板的帮助，便可以编辑任意的选取范围。

如图 4.5.3 所示中(a)为原图，单击"以标准模式编辑"按钮 切换到"以快速蒙版模式编辑"，出现如图 4.5.4 所示的对话框。

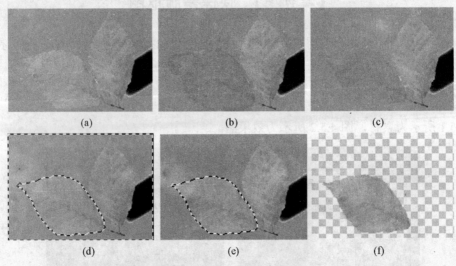

图 4.5.3　快速蒙版抠图过程

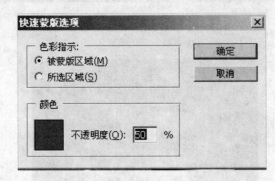

图 4.5.4　"快速蒙版选项"对话框

被蒙版区域：该选项为黑夜选项，选择后，被遮盖的区域为选取范围以外的区域。

所选区域：选择该选项，选取范围的区域为被遮盖的区域。

颜色：单击颜色块，打开"拾色器"对话框，可以对蒙版颜色进行设置，选择不同蒙版的颜色，会在图像中改变蒙版色彩标识显示。

不透明度：用于设置蒙版的颜色的不透明度，数值越大蒙版的颜色显示越深，数值越小蒙版的颜色越透明。

注意：当选择工具箱中的"快速蒙版模式编辑"按钮 ⃝ 时，图像进入蒙版编辑状态，同时会在"通道"面板中形成通道蒙版，蒙版编辑结束单击工具箱中的"标准模式编辑"按钮 ▣ 后，"通道"面板中的蒙版层消失。若要永久地保存快速蒙版为普通蒙版，可以将快速蒙版复制一个。

快速蒙版的操作：将前景色与背景色设置为黑色与白色，使用画笔在图像中需要创建选区的地方即叶子上进行涂抹，效果如图 4.5.3(b)所示，有一部分不需要的地方被涂抹了，需要进行删除，方法是切换前景色与背景色，用白色前景色在图 4.5.3(b)上需要删除的地方涂抹，效果如图 4.5.3(c)所示。单击 "以快速蒙版模式编辑" ⃝ 按钮，切换到"以标准模式编辑"按钮 ▣ ，这时原来没有涂抹的地方变成选区，效果如图 4.5.3(d)所示，执行"选择"｜"反向"命令，则效果如图 4.5.3(e)所示，对选区的图像进行复制，效果如图 4.5.3(f)所示。

三、操作指南

(1) 打开图像。执行"文件"｜"打开"命令(Ctrl+O)，弹出"打开"对话框，选择需要的素材文件，单击"打开"按钮，打开本案例需要处理的两幅素材文件。效果如图 4.5.1 所示。

(2) 建立快速蒙版。选择"素材 1"文件，单击工具栏中前景色和背景色下方按钮 "以标准模式编辑"按钮 ▣ ，此按钮切换到"以快速蒙版模式编辑"按钮 ⃝ ，进入快速蒙版编辑模式中。

(3) 编辑蒙版区域。选择工具箱中的画笔工具 ✎ ，将前景色设置为黑色，背景色设置为白色，用前景色在人物处进行涂抹，如图出现多余涂抹，则交换前景与背景色对多余区域进行删除，涂抹后效果如图 4.5.5 所示。

(4) 建立选区。单击工具栏中前景色和背景色下方 "以快速蒙版模式编辑" 按钮 ⃝ ，此按钮切换到"以标准模式编辑"按钮 ▣ ，进入选区模式中，效果如图 4.5.6 所示。

图 4.5.5　蒙版效果

图 4.5.6　选区效果

(5) 反向选区。执行"选择"｜"反向"命令，对选区进行反选，出现如图 4.5.7 所示的效果。

图 4.5.7　选区效果

(6) 复制选区。执行"图层"|"新建"|"通过拷贝图层"命令，建立"图层 1"，得到选区的效果，如图 4.5.8 所示。

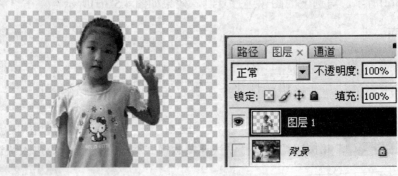

图 4.5.8　复制后的效果

(7) 图像调整。选择工具箱中的橡皮擦工具 ，对图像中边缘进行适当的擦除修改。

(8) 复制图层。将"图层 1"拖到"图层"面板下方的创建图层按钮 上，建立"图层 1副本"与"图层 1 副本 2"，图层效果如图 4.5.9 所示。

(9) 选择人物头部。将除"图层 1 副本 2"外的所有图层设置为不可视，选择工具箱中的多边形套索工具 ，切换到"图层 1 副本 2"上进行操作，选择人物的头部，效果如图 4.5.10 所示。

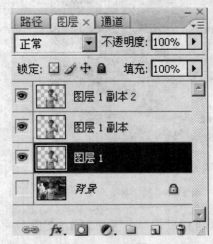

图 4.5.9　图层效果

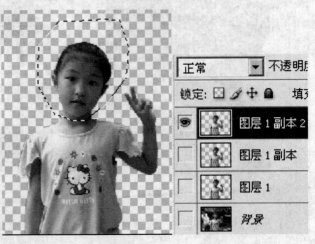

图 4.5.10　选中效果

154

(10) 调整头部。执行"图像"|"自由变换"命令，对建立的选区进行旋转修正，效果如图 4.5.11 所示。

(11) 载入选区。按住"Ctrl"键，用鼠标单击"图层 1 副本 2"，将"图层 1 副本 2"载入选区，效果如图 4.5.12 所示。

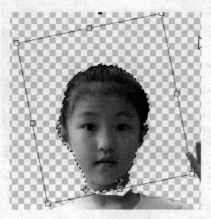
图 4.5.11　头部调整

图 4.5.12　图层 1 副本 2 选区效果

(12) 添加选区。选择工具箱中的多边形套索工具，对"图层 1 副本 2"的选区进行添加，最终效果如图 4.5.13 所示。

(13) 显示"图层 1 副本"。将"图层 1 副本"设置为可视状态，显示"图层 1 副本"则效果如图 4.5.14 所示。

图 4.5.13　添加图层效果

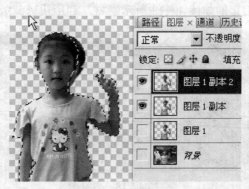
图 4.5.14　图层效果

(14) 合并图层。打开"图层"面板的菜单，将"图层 1 副本 2" 和"图层 1 副本"进行合并，执行"选择"|"反向"命令后，按"Delete"键，则效果如图 4.5.15 所示。

图 4.5.15　删除后的效果

(15) 移动"图层 1 副本"。选择工具箱中的移动工具,将"图层 1 副本"拖到"素材 2"文件中,出现如图 4.5.16 所示的效果。

(16) 调整亮度。选择"图层 1 副本",利用曲线调整其亮度,使图像更加完美,效果如图 4.5.17 所示。

图 4.5.16　移动效果　　　　　　　　　　　图 4.5.17　亮度调整效果

四、案例小结

通过本案例的学习,学会用快速蒙版进行复杂图像抠图,同时还要掌握对人物照片的修正方法。

五、实训练习

使用给定的如图 4.5.18 所示素材,利用快速蒙版合成图像,效果如图 4.5.19 所示。

图 4.5.18　素材图　　　　　　　　　　　图 4.5.19　效果图

第5章 Photoshop CS3 图像的修饰

┤ 学习要点 ├

◆ 本章主要目的是学习图像的调整与各种滤镜的使用。

◆ 理解基本概念：图像的色彩调整的原理，滤镜的各参数调整效果。

◆ 熟悉基本操作：对图像色彩调整，各种滤镜的效果设计等。

◆ 要求学生全面掌握色彩基础知识、图像调整命令以及图像色彩校正的规律、技巧，同时能够对数码照片进行修饰和编辑，并进行一定的创意设计。

【案例1】 素描效果的制作

本案例学习的目的是利用调整中的去色、滤镜中的艺术效果与风格化等功能制作照片的素描创意设计。主要技术有艺术效果滤镜、风格化滤镜、色阶的调整、去色、胶片颗粒滤镜等。

一、案例分析

图 5.1.1 所示为原图，图 5.1.2 所示为效果图。

图 5.1.1　原图　　　　　　　　　　图 5.1.2　效果图

在案例的操作过程中主要注意以下几点。

(1) 在添加胶片颗粒时，不能添加太多，否则会使照片失真。

(2) 在利用粗糙蜡笔滤镜时，参数要适中。

(3) 在色阶调整边缘时，边缘效果要适当。

二、技能知识

本案例主要介绍图像的调整去色、艺术效果与风格化的滤镜，及图层混合模式的柔光。

1. 图像调整：去色

"去色"命令去除图像中的色彩饱和度，表面上图像变成灰度图像，但它与"图像"菜单下的"模式"|"灰度"命令不同，"去色"命令不会改变图像的色彩模式。"去色"命令可以只针对某个选区进行转化；而"灰度"命令不但改变了图像色彩模式，而且对整个图像不加选取的区域进行颜色转换。此命令与在"色相"|"饱和度"对话框中将"饱和度"设置为 0 有相同的效果。

执行"图像"|"去色"命令后，效果如图 5.1.3 所示。

图 5.1.3　去色效果对比

2. 滤镜：艺术效果

艺术效果滤镜模拟天然或传统的艺术效果，其中包括 15 个艺术滤镜。此组滤镜不能应用于 CMYK 和 Lab 模式的图像。

1) 壁画

作用：可以在图像的边缘添加黑色，并增加反差的饱和度，从而使图像产生古壁画的效果。选项栏如图 5.1.4 所示。

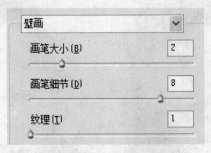

图 5.1.4　"壁画"效果的选项栏

调节参数如下。

画笔大小：此选项决定使用画笔笔触的大小。

画笔细节：此选项决定画面中细节的保留程度。

纹理：此选项决定画面中是否添加杂点。

使用该命令之后的画面与原图的效果对比如图 5.1.5 所示。

2) 彩色铅笔

作用：使用"彩色铅笔"命令可以模拟各种颜色的铅笔在单一颜色的背景色上绘制图像，绘制的图像中较明显的边缘被保留，并带有粗糙的阴影线外观，选项栏如图 5.1.6 所示。

图 5.1.5　壁画效果对比

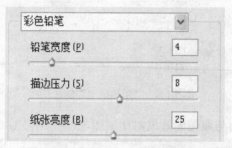

图 5.1.6　"彩色铅笔"选项栏

调节参数如下。

铅笔宽度：调节铅笔笔头的宽度大小。

描边压力：决定对画面进行描绘时所产生的压力大小。

纸张亮度：决定画纸的亮度。画纸的颜色与当前工具箱中设置的背景色有关。亮度数值设置得越大，画纸的颜色越接近背景色。

使用该命令之后的画面与原图的效果对比如图 5.1.7 所示。

图 5.1.7　彩色铅笔效果

3) 粗糙蜡笔

作用：模拟用彩色蜡笔在带纹理的图像上的效果。选项栏如图 5.1.8 所示。

调节参数如下。

描边长度：此选项决定彩色的描边长度。

描边细节：此选项决定彩色画笔的细腻程度。

纹理：可以选择砖形、画布、粗麻布和砂岩纹理或是载入其他的纹理。

缩放：此选项决定纹理的缩放比例。

凸现：此选项决定纹理的凸起效果。

光照：此选项决定光源的照射方向。

反相：当选中此复选框时，画面中的纹理光照方向将会反转。

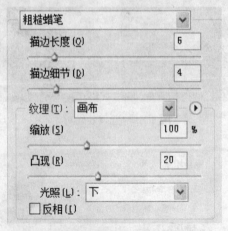

图 5.1.8　"粗糙蜡笔"的选项栏

使用该命令之后的画面与原图的效果对比如图 5.1.9 所示。

图 5.1.9　粗糙蜡笔效果对比

4) 底纹

作用：可以根据纹理和颜色产生一种纹理喷绘的图像效果，也可以用来创建布料或油画的效果。选项栏如图 5.1.10 所示。

图 5.1.10　"底纹效果"选项栏

调节参数如下。

画笔大小：控制结果图像的亮度。

纹理覆盖：控制纹理与图像融合的强度。

纹理：可以选择砖形、画布、粗麻布和砂岩纹理或是载入其他的纹理。

缩放：控制纹理的缩放比例。

凸现：调节纹理的凸起效果。

光照方向：选择光源的照射方向。

反相：反转纹理表面的亮色和暗色。

使用该命令之后的画面与原图的效果对比如图 5.1.11 所示。

图 5.1.11　底纹效果对比

5) 调色刀

作用：降低图像的细节并淡化图像,使图像呈现出绘制在湿润的画布上的效果,也类似于用刀子刮去图像的细节,从而产生画布的效果。选项栏如图 5.1.12 所示。

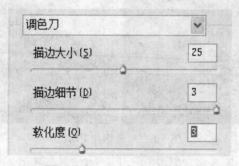

图 5.1.12　"调色刀"选项栏

调节参数如下。

描边大小：此选项决定图像相互混合的程度，数值越大越模糊。

描边细节：此选项可以对互相混合颜色的近似程度进行控制，数值越大，颜色相近的范围越大，颜色的混合程度越明显。

软化度：此选项决定画面边缘的柔化程度。

使用该命令之后的画面与原图的效果对比如图 5.1.13 所示。

6) 干画笔

作用：可以通过减少图像的颜色来简化图像的细节，使图像呈现出类似于油画和水彩画之间的效果，如图 5.1.14 所示。

图 5.1.13　调色刀效果对比

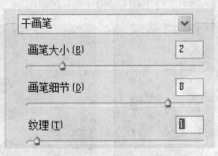

图 5.1.14　"干画笔"的选项栏

调节参数如下。

画笔大小：调节画笔笔触的大小。

画笔细节：调节画笔的细腻程度。

纹理：此选项决定颜色过渡区的纹理清晰程序。

使用该命令之后的画面与原图的效果对比如图 5.1.15 所示。

图 5.1.15　画笔效果对比

7) 海报边缘

作用：可以减少原图像中的颜色，查找图像边缘，并描绘黑色的外轮廓。选项栏如图 5.1.16 所示。

图 5.1.16　"海报边缘"的选项栏

调节参数如下。

边缘厚度：此选项决定描绘图像轮廓的宽度。

边缘强度：此选项决定描绘图像轮廓的强度。

海报化：此选项决定图像的颜色数量。

使用该命令之后的画面与原图的效果对比如图 5.1.17 所示。

图 5.1.17　海报边缘效果对比

8) 海绵

作用：使图像看起来像是用海绵绘制的一样。选项栏如图 5.1.18 所示。

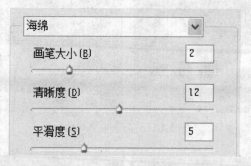

图 5.1.18　"海绵"效果的选项栏

调节参数如下。

画笔大小：调节色块的大小。

清晰度：此选项数值越大，绘制出的图像变化就越大，绘制出的图像就越接近于原图。

平滑度：此选项决定绘制的图像边缘的平滑程度。

使用该命令之后的画面与原图的效果对比如图 5.1.19 所示。

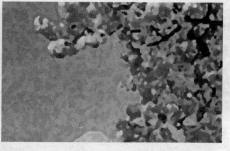

图 5.1.19　海绵效果对比

9) 绘画涂抹

作用：可以使图像产生模糊的艺术效果。选项栏如图 5.1.20 所示。

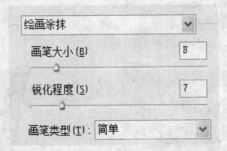

图 5.1.20 "绘画涂抹"效果的选项栏

调节参数如下。

画笔大小：调节画笔笔触的大小。

锐化程度：控制图像的锐化程度，数值越大，锐化程度越强。

画笔类型：共有简单、未处理光照、未处理深色、宽锐化、宽模糊和火花 6 种类型的涂抹方式。

使用该命令之后的画面与原图的效果如图 5.1.21～图 5.1.26 几种画笔类型的效果。

图 5.1.21 简单效果对比

图 5.1.22 未处理光照效果　　　图 5.1.23 未处理深色效果

图 5.1.24 未处理深色效果　　图 5.1.25 未处理深色效果　　图 5.1.26 未处理深色效果
　　　　　宽锐化效果　　　　　　　　宽模糊效果　　　　　　　　火花效果

10) 胶片颗粒

作用：可以在画面中的暗色调与中间色调之间添加颗粒，使画面看起来色彩较为均匀平衡。选项栏如图 5.1.27 所示。

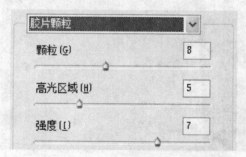

图 5.1.27　"胶片颗粒"效果选项栏

调节参数如下。

颗粒：调节滑块的位置可以对添加的颗粒大小进行调整，数值越大，添加的颗粒越明显。

高光区域：此选项决定画面中高光区域的多少。

强度：此选项决定图像的明暗程度。

使用该命令之后的画面与原图的效果对比如图 5.1.28 所示。

图 5.1.28　胶片颗粒效果对比

11) 木刻

作用：将画面中相近的颜色利用一种颜色进行了代替，并且减少画面中原有的颜色，使图像看起来是由几种颜色所绘制而成的。选项栏如图 5.1.29 所示。

图 5.1.29　"木刻效果"的选项栏

调节参数如下。

色阶数：代表颜色的层次的多少，数值越大，颜色层次越丰富。

边缘简化度：代表各边界的简化程度，数值越大，图像越近似于原图像。

边缘逼真度：此选项代表生成的新图像与原图像相似程度。

使用该命令之后的画面与原图的效果对比如图 5.1.30 所示。

图 5.1.30　木刻效果对比

12) 霓虹灯光

作用：模拟霓虹灯光照射图像的效果,图像背景将用前景色填充。选项栏如图 5.1.31 所示。

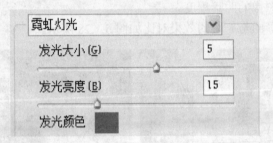

图 5.1.31　"霓虹灯光"效果的选项栏

调节参数如下。

发光大小：此选项决定霓虹灯光发光所覆盖的范围，数值越大，覆盖的范围将会越小，正值为照亮图像，负值是使图像变暗。

发光亮度：此选项决定环境光亮度。

发光颜色：设置发光的颜色。

使用该命令之后的画面与原图的效果对比如图 5.1.32 所示。

图 5.1.32　霓虹灯光效果

13) 水彩

作用：模拟水彩风格的图像。选项栏如图 5.1.33 所示。

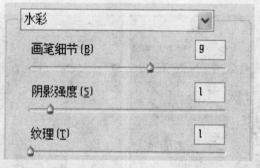

图 5.1.33　"水彩"效果的选项栏

调节参数如下。

画笔细节：设置笔刷的细腻程度。

暗调强度：设置阴影强度。

纹理：控制纹理图像的对比度。

使用该命令之后的画面与原图的效果对比如图 5.1.34 所示。

图 5.1.34　水彩效果对比

14) 塑料包装

作用：可以增加图像中的高光并强化图像中的线条，从而使图像产生一种表现质感的塑料包装效果。选项栏如图 5.1.35 所示。

图 5.1.35　"塑料包装"效果的选项栏

调节参数如下。

高光强度：此选项决定图像中生成高光区域的强度。

细节：此选项决定图像中生成高光区域的多少。

平滑度：此选项决定图像中生成高光区域的光滑程度。

使用该命令之后的画面与原图的效果对比如图 5.1.36 所示。

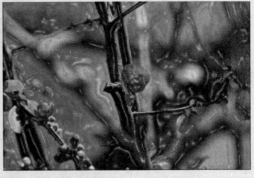

图 5.1.36　塑料包装效果对比

15) 涂抹棒

作用：画面中较暗的区域将会被密而短的黑色线条涂抹。选项栏如图 5.1.37 所示。

图 5.1.37　"涂抹棒"效果的选项栏

调节参数如下。

线条长度：此选项决定模糊画笔笔触的长度。

高光区域：此选项决定画面中高光区域的涂抹强度，数值越大，则强度越大。改变图像的对比度。

强度：此选项决定涂抹强度大小。

使用该命令之后的画面与原图的效果对比如图 5.1.38 所示。

图 5.1.38　涂抹棒效果

3. 滤镜：风格化

　　"风格化"滤镜组可以通过置换像素和通过查找并增加图像的对比度，在选区中生成绘画或印象派的效果。主要有 9 个菜单命令，下面分别进行介绍。

168

1）扩散

使用"扩散"命令可以对画面中的像素进行搅乱，并将其进行扩散，使其产生透过玻璃观察图像的效果。选项栏如图 5.1.39 所示。

图 5.1.39 "扩散效果"的选项栏

调节参数如下。

模式：在此选项中包括图像的扩散方式，其中包括"正常"、"变暗优先"、"变亮优先"和"各向异性"4 个选项，当选择不同的选项时，会对图像进行相应的扩散处理。

使用该命令之后的画面与原图的效果对比如图 5.1.40 所示。

图 5.1.40 扩散效果对比

2）浮雕效果

使用"浮雕效果"命令可以通过勾画图像，或者选择区域的轮廓和降低周围的色值来生成凹凸不平的浮雕效果。选项栏如图 5.1.41 所示。

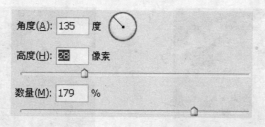

图 5.1.41 "浮雕效果"的选项栏

调节参数如下。

角度：此选项决定产生浮雕效果的光线照射方向。

高度：此选项决定凸出区域的凸出程度。

数量：此选项决定原图像中颜色的保留程度，当数值为 0 时，图像变为单一颜色。

使用该命令之后的画面与原图的效果对比如图 5.1.42 所示。

3）凸出

使用"凸出"命令可以将画面转化为立方体或锥体的三维效果。选项栏如图 5.1.43 所示。

图 5.1.42　浮雕效果对比

图 5.1.43　"凸出"命令的选项栏

调节参数如下。

类型：包括"块"和"金字塔"两个选项。当选择"块"选项时，画面将生成立方体造型；当选择"金字塔"选项时，画面将生成立方体造型。

大小：此选项决定生成立方体或立方锥的大小。

深度：此选项决定立方体或立方锥的高度。当选择"随机"选项时，每一个立方体造型都将会发生变化；当选择"基于色阶"选项时，只有画面中较亮的区域立方体造型变高。

立方体正面：只有选择"块"类型时，此复选框才可以使用，它决定是否使用区域中的平均色填充立方体。

蒙版不完整块：当选择此复选框时，系统将会自动删除画面中的不完整立方体或者立方锥。使用该命令之后的画面与原图的效果对比如图 5.1.44 所示。

图 5.1.44　凸出效果对比

4）查找边缘

使用"查找边缘"(命令可以在图像中查找颜色的主要变化区域，并进行强调。图 5.1.45 所示为使用"查找边缘"命令后的画面与原图的效果对比。

5）照亮边缘

使用"照亮边缘"命令可以对画面中的像素边缘进行搜索，然后使其产生发光的效果。选项栏如图 5.1.46 所示。

图 5.1.45　查找边缘效果对比

图 5.1.46　"照亮边缘"的选项栏

调节参数如下。

边缘宽度：此选项决定发光边缘的宽度。

边缘亮度：此选项决定发光边缘的亮度。

平滑度：此选项决定发光边缘的平滑程度。

使用该命令以后的画面与原图的效果对比如图 5.1.47 所示。

图 5.1.47　照亮边缘效果对比

6) 曝光过度

使用"曝光过度"命令可以使画面产生正片与负片混合的效果。图 5.1.48 所示为使用"曝光过度"命令后的画面与原图效果对比。

图 5.1.48　曝光过度效果对比

7) 拼贴

使用"拼贴"命令可以将画面分割成许多的小方块，每个小方块都有一定的名称。"拼贴"对话框如图 5.1.49 所示。

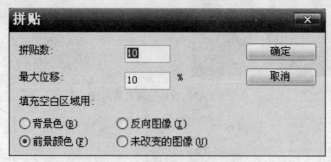

图 5.1.49　"拼贴"命令的选项栏

调节参数如下。

拼贴数：此选项决定图像高度方向上分割块的数量。

最大位移：此选项决定生成方块偏移的距离。

填充空白区域用：决定用何种方式填充空白区域，包括"背景色"、"前景颜色"、"反选图像"和"未改变的图像"4 个选项。

使用该命令之后的画面与原图的效果对比如图 5.1.50 所示。

图 5.1.50　拼贴效果对比

8) 等高线

使用"等高线"命令可以在画面中的每一个通道的亮区和暗区边缘位置勾画轮廓，产生 RGB 颜色的细线条。选项栏如图 5.1.51 所示。

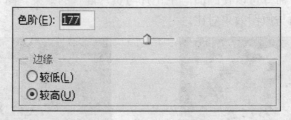

图 5.1.51　"等高线"选项栏

调节参数如下。

色阶：此选项决定查找边缘的色阶值。

边缘：包括"较低"和"较高"两个选项，当选择"较低"选项时，查找颜色值高于指定的色阶边缘，当选择"较高"选项时，所查找颜色值低于指定的色阶边缘。

使用该命令之后的画面与原图的效果对比如图 5.1.52 所示。

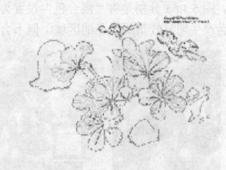

图 5.1.52　等高线效果对比

9）风

使用"风"命令可以按照图像边缘的像素颜色增加水平线，产生起风的效果，此命令只对图像边缘起作用，可以利用此命令来制作火焰字等艺术效果。选项栏如图 5.1.53 所示。

图 5.1.53　"风"命令的选项栏

调节参数如下。

方法：包括"风"、"大风"和"飓风"3 个选项，使用这 3 个选项产生的效果基本相似，只是所产生风的强度不同。

方向：包括"从左"和"从右"两个选项。当选择"从左"选项时，将产生从左向右的起风效果；当选择"从右"选项时，将产生从右向左的起风效果。

使用该命令之后的画面与原图的效果对比如图 5.1.54 所示。

图 5.1.54　风效果对比

4. 图层混合模式：柔光

"柔光"模式会产生柔光照射的效果。该模式是根据绘图色的明暗来决定图像的最终效果

173

是变亮还是变暗。如果"混合色"颜色比"基色"颜色更亮一些，那么"结合色"将更亮；如果"混合色"颜色比"基色"的像素更暗一些，那么"结果色"颜色将更暗，使图像的亮度反差增大。图 5.1.55 分别是将"混合色"设置为白色和黑色时得到的不同效果。用纯黑色或纯白色绘画会产生明显较暗或较亮的区域，但不会产生纯黑色或纯白色。

图 5.1.55　柔光效果对比

(a) 原图；(b) 白色柔光效果；(c) 黑色柔光效果。

三、操作指南

(1) 打开图像。执行"文件"|"打开"命令(Ctrl+O)，弹出"打开"对话框，选择需要的素材文件，单击"确定"按钮，打开图片文件。效果如图 5.1.1 所示。

(2) 复制背景。在"图层"面板上选择"背景"图层，将其拖到创建新图层按钮 🖿 上，得到"背景副本"图层。

(3) 去色。选择"背景副本"图层，执行"图像"|"调整"|"去色"命令，对"背景图层"进行去色处理。效果如图 5.1.56 所示。

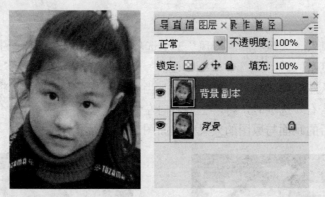

图 5.1.56　"去色"效果

(4) 复制背景副本。在"图层"面板上将"背景副本"图层拖到创建新图层按钮 🖿 上，得到"背景副本 2"图层。

(5) 颗粒效果设置。隐藏"背景副本 2"图层，选择"背景副本"图层，执行"滤镜"|"艺术效果"|"胶片颗粒"命令，弹出"胶片颗粒"对话框，进行参数设置，效果如图 5.1.57 所示。

(6) 粗糙蜡笔设置。选择"背景副本"图层，执行"滤镜"|"艺术效果"|"粗糙蜡笔"对话框，进行参数设置，设置完毕后单击"确定"按钮，应用滤镜后得到蜡笔绘制效果如图 5.1.58所示。

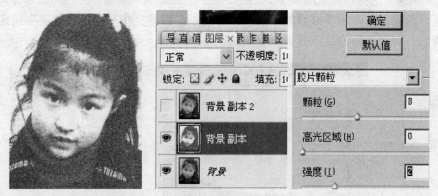

图 5.1.57　"颗粒"参数与效果

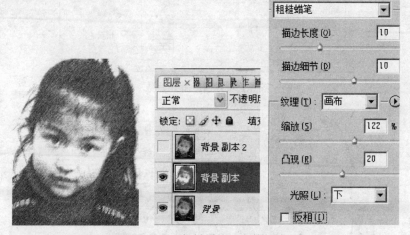

图 5.1.58　"粗糙蜡笔"参数与效果

(7) 查找边缘。选择"背景副本 2"图层，单击图层前面的指示图层可见性图标👁，显示"背景副本 2"图层，选择"背景副本 2"图层，执行"滤镜"|"风格化"|"查找边缘"命令，制作出图像的主体线条，效果如图 5.1.59 所示。

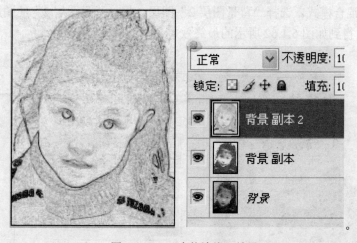

图 5.1.59　"查找边缘"效果

(8) 色阶调整。选择"背景副本 2"图层，执行"图像"|"调整"|"色阶"命令，弹出"色阶"对话框，将输入色阶的参数设置如图 5.1.60 所示，设置完毕后单击"确定"按钮，效果如图 5.1.61 所示，得到清晰的线条效果。

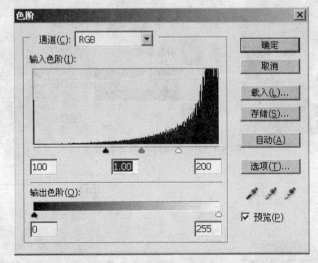

图 5.1.60   "色阶"参数

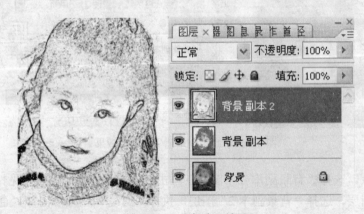

图 5.1.61   "色阶"效果

(9) 设置图层混合模式。选择"背景图层 2"图层，将"背景图层 2"的图层混合模式设置为"柔光"模式。得到如图 5.1.62 所示的最终效果。

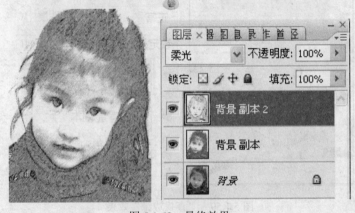

图 5.1.62   最终效果

四、案例小结

通过本案例的学习，学会运用素描等滤镜进行一些照片的创意设计。

五、案例拓展

本案例要拓展的知识点是**图像调整：照片滤镜**。

照片滤镜可以模拟传统光学滤镜特效，调整图像的色调，使其具有暖色调或冷色调，也可以根据实际情况自定义其他色调。

选择"图像"|"调整"|"照片滤镜"命令，弹出如图 5.1.63 所示的对话框。

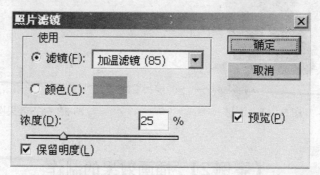

图 5.1.63　照片滤镜对话框

滤镜：在该下拉列表框中包含有多个预设选项，如"加温镜头"、"冷却镜头"、"红色"、"橙色"、"绿色"等，可以根据需要选择合适的选项，以对图像进行调节。

颜色：当"滤镜"中默认的颜色不能满足需要时，可点选颜色选项，并单击右侧的"自定滤镜颜色"图标打开"拾色器"对话框，自行选择需要的滤镜颜色。

浓度：拖动滑块以调整应用于图像的颜色数量。数量越大，应用的颜色调整越大。

保留亮度：在调整颜色的同时保持原图像的亮度。

如利用照片滤镜制作如图 5.1.64 所示的效果。

图 5.1.64　图像原图与效果图对比

六、实训练习

利用本案例的方法制作手绘效果，素材如图 5.1.65 所示，效果如图 5.1.66 所示。

图 5.1.65　素材　　　　　　　　　　图 5.1.66　效果图

【案例2】　插画效果的制作

本案例的目的是利用图像调整中的色调分离与阈值进行图像的插画效果制作。主要技术有修补工具、色调分离、阈值、图层样式、添加杂色滤镜、描边等。

一、案例分析

图 5.2.1 所示为原图、图 5.2.2 所示为效果图。

图 5.2.1　原图　　　　　　　　　　图 5.2.2　效果图

在案例的操作过程中主要注意以下几点。

(1) 在进行修补时，要注意选取区域附近的图像，这样亮度与对比度才会协调。

(2) 魔棒工具运用时，要注意属性栏的设置。

(3) 色调分离时，色阶数要合理，太大与太小会影响效果。

(4) 阈值调整时，数值要合理。

二、技能知识

本案例主要介绍图像的色调分离调整、图像的阈值调整和滤镜的杂色。

1. 图像调整：色调分离

"色调分离"命令可以为图像的每个颜色通道定制亮度级别，然后将其余色调的像素定制为接近的匹配颜色。

执行"图像"|"调整"|"色调分离"命令，弹出"色调分离"对话框，如图 5.2.3 所示，在对话框中输入不同色阶值，可以得到不同的效果，色阶值越小，图像色彩变化越强烈；色阶值越大，色彩变化越轻微。

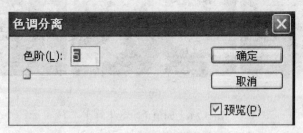

图 5.2.3 色调分离对话框

例如，打开一幅图像，执行"图像"|"调整"|"色调分离"命令后，在对话框中输入色阶后效果如图 5.2.4 所示。

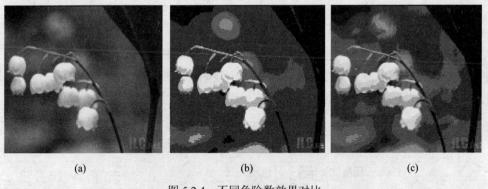

(a)   (b)   (c)

图 5.2.4 不同色阶数效果对比

(a) 原图；(b) 色阶为 3；(c) 色阶为 6。

2. 图像调整：阈值

"阈值"调整命令可以将灰度图像或彩色图像转换成只有黑白高对比度的图像。执行"图像"|"调整"|"阈值"命令，弹出"阈值"对话框，如图 5.2.5 所示。在对话框中输入不同色阶值，可以得到不同的效果，其变化范围在 1～255 之间，可以在文本框内指定亮度值为阈值，阈值越大，黑色像素分布越广；阈值越小，白色像素分布越广。

例如，打开一幅图像，执行"图像"|"调整"|"阈值"命令后，在对话框中输入阈值色阶后效果如图 5.2.6 所示。

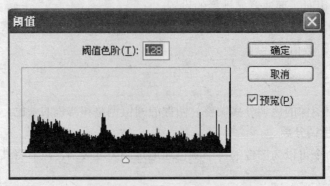

图 5.2.5 "阈值"对话框

(a)   (b)   (c)

图 5.2.6 阈值色阶效果对比

(a) 原图；(b)阈值色阶为 100；(c) 阈值色阶为 180。

3. 滤镜：杂色

"杂色"滤镜组主要包括"添加杂色"和"蒙尘与划痕"命令，利用"杂色"滤镜组可以将一定的缺陷引入到图像中，达到平衡图像的平面效果。

1) 添加杂色

前面已经介绍。

2) 蒙尘与划痕

使用"蒙尘与划痕"命令可以隐藏图像中的小缺陷，并将其融入到周围的图像中，使其在清晰化的图像与隐藏的缺陷之间达到平衡。选项栏如图 5.2.7 所示。

图 5.2.7 "蒙尘与划痕"命令的选项栏

参数调节如下。

半径：决定图像中每一个调整区域的大小，数值越大，画面越模糊。

阈值：决定像素与周围像素有多大的差值时，滤镜对其起作用。

命令执行后效果如图 5.2.8 所示。

3) 中间值

使用"中间值"命令可以添加中间值的效果，并将其融入到周围的图像中，使其边缘模糊。选项栏如图 5.2.9 所示。

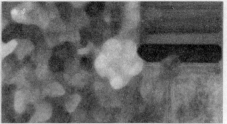

图 5.2.8 蒙尘与划痕效果对比

半径(R): 12   像素

图 5.2.9 "中间值"命令的选项栏

调节参数如下。

半径：决定图像中每一个调整区域的大小，数值越大，画面越模糊。效果如图 5.2.10 所示。

图 5.2.10 中间值的效果对比

三、操作指南

(1) 打开图像。执行"文件"|"打开"命令(Ctrl+O)，弹出"打开"对话框，选择需要的素材文件，单击"确定"按钮，打开图片文件。效果如图 5.2.1 所示。

(2) 复制背景。在"图层"面板上选择"背景"图层，将其拖到创建新图层按钮 上，得到"背景副本"图层。

(3) 图像的修整。选择工具箱中的工具，对图像中人物的背景时行修改，将背景色设计为 RGB(118,245,111)，完成效果如图 5.2.11 所示。

(4) 建立选区。按住"Ctrl"键单击图像建立选区，效果如图 5.2.12 所示。

图 5.2.11 修改前后效果对比   图 5.2.12 选区效果

(5) 复制选区。在"图层"面板上选择"背景"图层，执行"图层"|"新建"|"通过拷贝的图层"命令，复制选区中的图像得到新的图层"图层 1"，单击"背景"图层缩览图前指示图层可视性按钮👁，将"背景"图层隐藏，效果如图 5.2.13 所示。

图 5.2.13　复制效果

(6) 复制"图层 1"。选择"图层 1"，将其拖到创建新图层按钮🔲上，得到"图层 1 副本"图层，执行"图像"|"调整"|"去色"命令，应用后得到黑白图像效果。将"图层 1 副本"图层拖到创建新图层按钮🔲上，得到"图层 1 副本 2"，单击图层缩览图前的指示图层可视性按钮👁，将其隐藏待用，效果如图 5.2.14 所示。

图 5.2.14　"去色"效果

(7) 色调分离。在"图层"面板上选择"图层 1 副本"，执行"图像"|"调整"|"色调分离"命令，在弹出的"色调分离"对话框中将色阶参数设置为 4，单击"确定"按钮，应用后的图像效果如图 5.2.15 所示。

(8) 中间值的添加。选择"图层 1 副本"，执行"滤镜"|"杂色"|"中间值"命令，弹出"中间值"对话框，将中间值半径设置为 1 像素，设置完毕后单击"确定"按钮应用滤镜，得到同色调匀化效果，如图 5.2.16 所示。

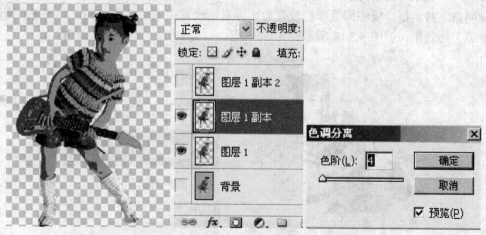

图 5.2.15　色阶效果

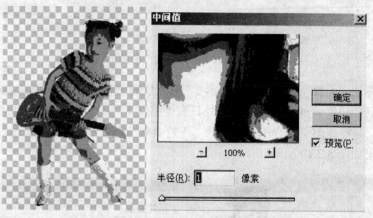

图 5.2.16　"中间值"效果

(9) 阈值调整。选择"图层 1 副本 2"图层缩览图前的指示图层可视性按钮👁，将"图层 1 副本 2"图层显示，并选择该图层，执行"图像"|"调整"|"阈值"命令，弹出"阈值"对话框，阈值设置为"124"，单击"确定"按钮，应用后的图像效果如图 5.2.17 所示。

图 5.2.17　"阈值"效果

(10) 中间值的添加。选择"图层 1 副本 2",执行"滤镜"|"杂色"|"中间值"命令,弹出"中间值"对话框,将中间值半径设置为 1 像素,设置完毕后单击"确定"按钮应用滤镜,得到色调匀化效果,如图 5.2.18 所示。

图 5.2.18 "中间值"的效果

(11) 在"图层"面板上将"图层 1 副本 2"的图层混合模式设置为"正片叠底",在"图层"面板中可以看到除了隐藏的"背景"图层外只有"图层 1"具有色彩信息,将"图层 1"拖到所有图层的上方,并将基图层混合模式设置为"正片叠底",更改图层混合模式后的图像被添加上颜色信息,效果如图 5.2.19 所示。

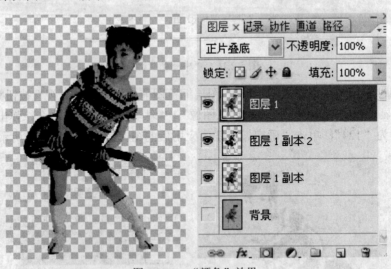

图 5.2.19 "颜色"效果

(12) 显示背景层。单击"背景"图层前面缩览图前的指示图层可视性按钮👁将其显示,效果如图 5.2.20 所示。

(13) 新建图层。切换到"图层"面板,单击"图层"面板下方的新建图层按钮🔲,在所有图层上方新建"图层 3",将前景色设置为白色,按住"Ctrl"键不放,单击"图层 1",则人物图像建立选区,选择"图层 3",执行"编辑"|"描边"命令,弹出"描边"对话框架,用前景色在"图层 3"上进行描边,效果如图 5.2.21 所示。

184

图 5.2.20　图层效果

图 5.2.21　描边效果

(14) 投影效果。选择"图层 3"，单击"图层"面板上添加图层样式按钮 fx，在弹出的下拉菜单中选择"投影"，效果如图 5.2.22 所示。

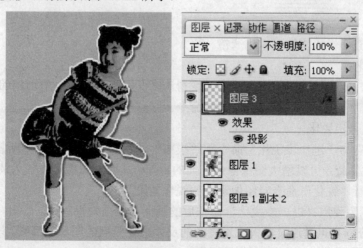

图 5.2.22　最终效果

四、案例小结

通过本案例的学习，学会利用色调分离与阈值对图像调整，并设计出具有一定创意性的图像。

【案例3】 古曲风格变换制作

本案例的目的是利用木刻与便条纸等滤镜制作古曲风格的家具。主要技术有木刻滤镜、USM 锐化滤镜、便条纸滤镜、亮度/对比度、色相/饱和度等。

一、案例分析

图 5.3.1 所示为原图，图 5.3.2 所示为效果图。

图 5.3.1　原图　　　　　　　　　　　　　　图 5.3.2　效果图

在案例的操作过程中主要注意以下几点。
(1) 在制作木刻效果时，要注意阶数的设定。
(2) 在 USM 锐化时，设置的阈值要适当。
(3) 在几个图层进行便条纸的设置时，注意阶梯的变化。
(4) 进行亮度设计时，注意对比度的适当调整。

二、技能知识

本案例主要介绍锐化滤镜和素描滤镜。

1.滤镜：锐化

使用"锐化"滤镜组可以将模糊的图像变得清晰。它主要是通过增加相邻像素之间的对比来使模糊图像变清晰的，其下有 4 种不同的命令。

1) 锐化与进一步锐化

使用"锐化"与"进一步锐化"命令跟"模糊"滤镜与"进一步模糊"滤镜的作用恰好相反，"进一步锐化"命令可以增大图像像素之间的反差，从而使图像产生较为清晰的效果。此命令相当于多次执行"锐化"命令对图像进行的锐化效果。

图 5.3.3 所示为使用"进一步锐化"命令后的画面与原图效果对比。

"锐化"命令同样也是通过增大像素之间的反差来使模糊的图像变清晰，只是执行一次"锐化"命令没有执行"进一步锐化"命令强烈。

(a)   (b)

图 5.3.3   锐分与进一步锐化效果显示

(a) 锐化；(b) 进一步锐化。

2) 锐化边缘

"锐化边缘"命令可对图像的边缘轮廓进行处理，其特点与"锐化"|"进一步锐化"相同。

3) USM 锐化

"USM 锐化"命令可以使图像的边缘产生轮廓锐化的效果。选项栏如图 5.3.4 所示。

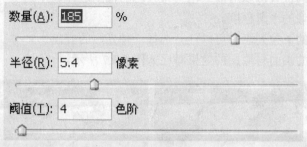

图 5.3.4   "USM 锐化"选项栏

参数调节如下。

数量：此选项决定滤镜的强度，数值越大对图像的锐化程度越明显。

半径：此选项决定控制边缘两边受影响的距离。

阈值：决定像素处理前后的变化差别。在此选项中设定一个数值，使用"USM 锐化"命令对图像进行锐化后，所有高于这个差值的像素都会被锐化。

使用该命令之后的画面与原图的效果对比如图 5.3.5 所示。

图 5.3.5   USM 锐化效果对比

2. 滤镜：素描

使用"素描"滤镜组可以利用前景色和背景色来置换图像中的色彩，从而生成一种更为精确的图像效果。

1) 基底凸现

使用"基底凸现"命令可以使图像产生凹凸起伏的雕刻效果，且用前景色对画面中的较暗区域进行填充，较亮区域用背景色进行填充。选项栏如图 5.3.6 所示。

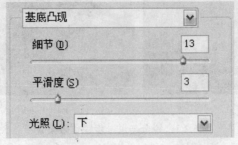

图 5.3.6　"基底凸现"选项栏

参数调节如下。

其余"素描"滤镜命令的对话框与此类似，由于篇幅所限不再列出，对话框中各参数的含义如下所述。

细节：调整滑块的位置可以对前景色与背景色的范围进行调整。

平滑度：决定图像的平滑程度。

光照：在其右侧的下拉列表中可以任意选择一种光照的方向。

使用该命令之后的画面与原图的效果对比如图 5.3.7 所示。

图 5.3.7　基底凸现效果对比

2) 粉笔和炭笔

使用"粉笔和炭笔"命令可以使用前景色在图像上绘制出粗糙高亮区域，使用背景色在图像上绘制出中间色调，使用的前景色为炭笔，背景色为粉笔。选项栏如图 5.3.8 所示。

图 5.3.8　"粉笔和炭笔"选项栏

参数调节如下。

炭笔区：此选项决定了使用炭笔笔触的数量和范围。

188

粉笔区：此选项决定了使用粉笔笔触的数量和范围。

描边压力：此选项决定了笔触对图像的压力强度，数值越大压力越大，数值越小压力越小。

使用该命令后的画面与原图的效果对比如图 5.3.9 所示。

图 5.3.9　粉笔和炭笔效果对比

3) 炭笔

使用"炭笔"命令可以用前景色重新绘制图案。在绘制的图像中，粗线将绘制图像的主要边缘，细线将绘制图像的中间色调。选项栏如图 5.3.10 所示。

图 5.3.10　"炭笔"选项栏

参数调节如下。

炭笔粗细：此选项决定使用笔触的宽度。

细节：此选项决定图像的描绘细腻程度。

明 / 暗平衡：使用此选项可以对背景色与前景色之间的差异进行调整，使其平衡。其中包括多个方向的光照效果，可以任意选择一种光照来决定使用的光照方向。

使用该命令之后的画面与原图的效果对比如图 5.3.11 所示。

图 5.3.11　炭笔效果对比

4) 铬黄渐变

使用"铬黄渐变"命令可以根据原图像的明暗分布情况产生磨光的金属效果。选项栏如图 5.3.12 所示。

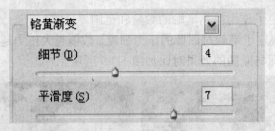

图 5.3.12　"铬黄渐变"选项栏

参数调节如下。

细节：此选项决定原图像的保留程度。

平滑度：此选项决定生成图像的光滑程度。

使用该命令之后的画面与原图的效果对比如图 5.3.13 所示。

图 5.3.13　铬黄效果对比

5) 炭精笔

使用"炭精笔"命令类似于用前景色绘制画面中较暗的部分，用背景色绘制画面中较亮的部分，使图像产生蜡笔绘制的感觉。选项栏如图 5.3.14 所示。

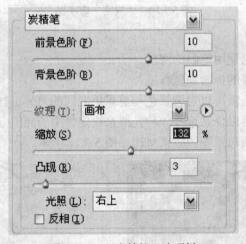

图 5.3.14　"炭精笔"选项栏

参数调节如下。

前景色阶：此选项决定使用前景色的强度，数值越大，强度越大。

背景色阶：此选项决定使用背景色的强度，数值越大，强度越大。

纹理：此选项决定画面的纹理样式，当在此选项中选择不同的纹理样式时，画面中所生成的效果将是不同的。

缩放：此选项决定使用纹理的缩放比例。

凸现：此选项决定使用纹理的凸现程度。

光照：此选项决定灯光的照射方向，共包括 8 个不同的照射方向。

反相：当选择此选项时，可以将当前所使用的光照方向进行反转。

使用该命令之后的画面与原图的效果对比如图 5.3.15 所示。

图 5.3.15　炭精笔效果对比

6）绘图笔

使用"绘图笔"命令可以用前景色以对角方向重新绘制图像。选项栏如图 5.3.16 所示。

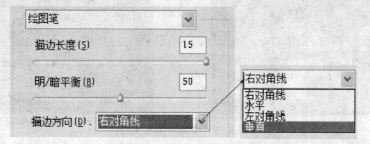

图 5.3.16　"绘图笔"选项栏

参数调节如下。

描边长度：此选项决定在画面中绘制的线条长度。

明/暗平衡：此选项决定使用的前景色与背景色的平衡程度。

描边方向：此选项包括 4 个描边方向，可以任意选择一种描边方向来对图像进行重绘。

使用该命令之后的画面与原图的效果对比如图 5.3.17 所示。

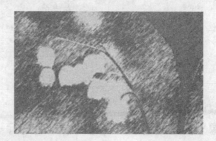

图 5.3.17　绘图笔效果对比

7）半调图案

使用"半调图案"命令可根据当前工具箱中的前景色与背景色重新给图像进行颜色的添加，使图像产生一种网纹图案的效果。选项栏如图 5.3.18 所示。

参数调节如下。

大小：此选项决定生成网纹的大小，数值越大，网纹越大。

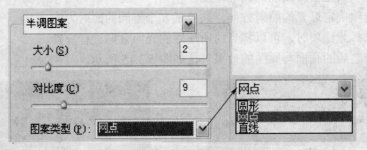

图 5.3.18　"半调图案"的选项栏

对比度：用于设置当前添加到图像中的前景色的对比度。

图案类型：在此选项中包括"圆形"、"网点"和"直线"3 种类型，选择不同的类型时，画面中所生成的网纹形状也将不同。

使用该命令之后的画面与原图的效果对比如图 5.3.19 所示。

图 5.3.19　半调图案效果对比

8) 便条纸

使用"便条纸"命令可以使图像产生一种类似于浮雕的凹陷效果。选项栏如图 5.3.20 所示。

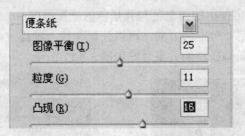

图 5.3.20　"便条纸"选项栏

参数调节如下。

图像平衡：此选项对使用的前景色进行平衡调整。

粒度：此选项决定图像生成颗粒大小。

凸现：此选项决定图像中突出部分的起伏程度。

使用该命令之后的画面与原图的效果对比如图 5.3.21 所示。

9) 影印

使用"影印"命令可以模仿由前景色和背景色两种不同颜色影印图像的效果。选项栏如图 5.3.22 所示。

192

图 5.3.21　便条纸效果对比

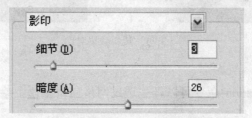

图 5.3.22　"影印"选项栏

参数调节如下。

细节：此选项决定画面中细节的保留程度。

暗度：此选项决定图像暗度的大小。

使用该命令之后的画面与原图的效果对比如图 5.3.23 所示。

图 5.3.23　影印效果对比

10) 塑料效果

使用"塑料效果"命令可以用前景色和背景色给图像上色，并且对图像中的亮部进行凹陷，暗部进行凸出，从而生成塑料效果。选项栏如图 5.3.24 所示。

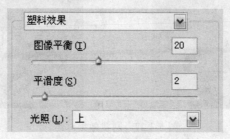

图 5.3.24　"塑料效果"选项栏

参数调节如下。

图像平衡：此选项决定使用前景色和背景色填充图像时的平衡程度。

平滑度：此选项决定图像的平滑度。

光照：在此选项中包括多个方向的光照效果，可以任意选择一个光照来决定使用的光照方向。

使用该命令之后的画面与原图的效果对比如图 5.3.25 所示。

图 5.3.25　塑料效果对比

11）网状

使用"网状"(Reticulation)命令可以产生透过网格向背景色上绘制半固体的前景色效果。选项栏如图 5.3.26 所示。

图 5.3.26　"网状"的选项栏

调节参数如下。

浓度：此选项决定使用网格中网眼的密度。

前景色阶：此选项决定使用前景色的强度，数值越大强度越大。

背景色阶：此选项决定使用背景色的强度，数值越大强度越大。

使用该命令之后的画面与原图的效果对比如图 5.3.27 所示。

图 5.3.27　网状效果对比

12）图章

使用"图章"命令对图像所产生的效果与现实中的图章相似，在进行印章的模拟时，图像部分为前景色，其余部分为背景色。选项栏如图 5.3.28 所示。

194

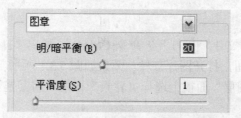

图 5.3.28　"图章"的选项栏

调节参数如下。

明/暗平衡：此选项决定图像中生成图像的平滑程度。

使用该命令之后的画面与原图的效果对比如图 5.3.29 所示。

图 5.3 29　图章效果对比

13) 撕边

使用"撕边"命令可以用粗糙的颜色边缘模拟碎纸片的效果。选项栏如图 5.3.30 所示。

图 5.3.30　"撕边"效果的选项栏

调节参数如下。

图像平衡：此选项决定图像的扩散程度，数值越大，扩散越大。

对比度：此选项决定图像的对比度。

使用该命令之后的画面与原图的效果对比如图 5.3.31 所示。

图 5.3.31　效果对比

三、操作指南

(1) 打开图像。执行"文件"|"打开"命令(Ctrl+O),弹出"打开"对话框,选择需要的素材文件,单击"确定"按钮,打开图片文件。效果如图 5.3.1 所示。

(2) 复制背景。在"图层"面板上选择"背景"图层,将其拖到创建新图层按钮 ⧉ 上,得到"背景副本"图层。

(3) 木刻设置。选择"背景副本"图层,执行"滤镜"|"艺术效果"|"木刻"命令,弹出"木刻"对话框如图 5.3.32 所示的参数,进行参数设置,设置完毕后单击"确定"按钮,应用后得到如图 5.3.33 所示的效果。

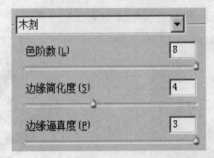

图 5.3.32 木刻参数

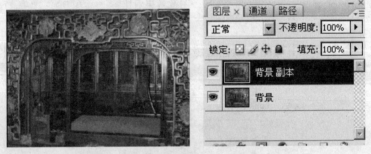

图 5.3.33 "木刻"效果

(4) 锐化设置。对"背景副本"执行"滤镜"|"锐化"|"USM 锐化"命令,弹出"USM 锐化"对话框,进行参数设置,效果如 5.3.34 所示。

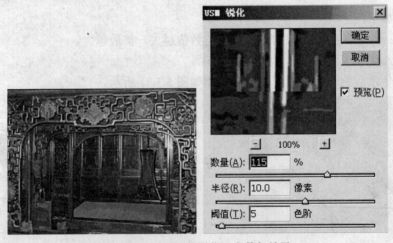

图 5.3.34 "USM 锐化"参数与效果

196

(5) 复制图层。在"图层"面板上选择"背景副本"图层，将其拖到创建新图层按钮上 3 次，得到 3 个副本图层，单击复制后 3 个图层缩览图前的指示图层可视性按钮，将其隐藏待用，效果如图 5.3.35 所示。

图 5.3.35　复制图层

(6) 背景副本的设置。在"图层"面板上选择"背景副本"图层，执行"滤镜"|"素描"|"便条纸"命令，弹出"便条纸"对话框，进行参数设置，设置完毕后单击"确定"按钮，得到如图 5.3.36 所示的效果。

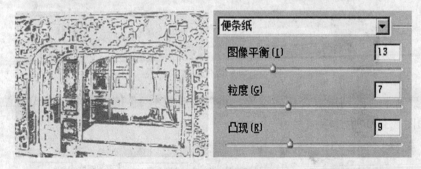

图 5.3.36　背景副本效果

(7) 背景副本 2 的设置。单击"背景副本 2"缩览图前的指示图层可视按钮，将其显示并选择，执行"滤镜"|"素描"|"便条纸"命令，弹出"便条纸"对话框，进行参数设置，设置完毕后单击"确定"按钮，得到如图 5.3.37 所示的效果。

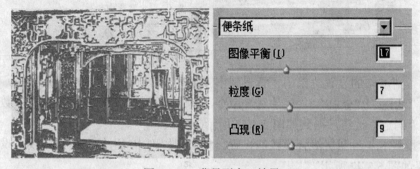

图 5.3.37　背景副本 2 效果

(8) 背景副本 2 改图层混合模式设置。将"图层副本 2"的图层混合模式设置为"正片叠底"，效果如图 5.3.38 所示。

图 5.3.38　正片叠底效果

(9) 背景副本 3 的设置。单击"背景副本 3"缩览图前的指示图层可视按钮，将其显示并选择，执行"滤镜"|"素描"|"便条纸"命令，弹出"便条纸"对话框，进行参数设置，设置完毕后单击"确定"按钮，得到如图 5.3.39 所示的效果。

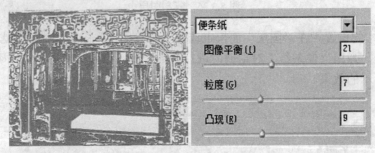

图 5.3.39　背景副本 3 效果

(10) 背景副本 3 改图层混合模式设置。将"图层副本 3"的图层混合模式设置为"正片叠底"，效果如图 5.3.40 所示。

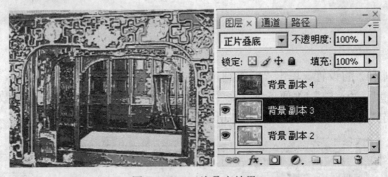

图 5.3.40　正片叠底效果

(11) 背景副本 4 的设置。单击"背景副本 4"缩览图前的指示图层可视按钮，将其显示并选择，执行"滤镜"|"素描"|"便条纸"命令，弹出"便条纸"对话框，进行参数设置，设置完毕后单击"确定"按钮，得到如图 5.3.41 所示的效果。

(12) 背景副本 4 改图层混合模式的设置。将"图层副本 4"的图层混合模式设置为"正片叠底"，效果如图 5.3.42 所示。

(13) 对比度调整。单击"图层"面板上添加新的填充或调整图层按钮，在弹出的下拉菜单中选择"亮度/对比度"对话框，进行增加对比度的参数调整，设置完毕后单击"确定"按钮，效果如图 5.3.43 所示。

198

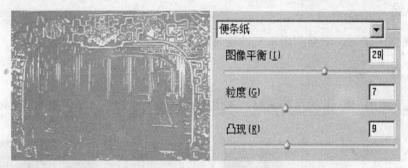

图 5.3.41 背景副本 3 效果

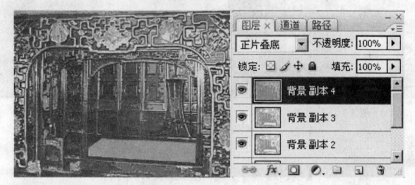

图 5.3.42 正片叠底效果

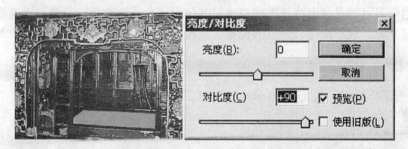

图 5.3.43 对比度调整

(14) 色相调整。单击"图层"面板上添加新的填充或调整图层按钮，在弹出的下拉菜单中选择"色相/饱和度"对话框，进行参数设置，效果如图 5.3.44 所示。

图 5.3.44 效果图

四、案例小结

通过本案例的学习，学会利用木刻滤镜与便条纸等滤镜进行一些创意设计。

五、实训练习

根据给定的如图 5.3.45 所示的素材，利用本案例的类似的方法制作如图 5.3.46 所示的黄昏效果。

图 5.3.45　原图　　　　　　　　　　　　图 5.3.46　效果图

【案例4】　水彩画效果制作

本案例的学习目的是利用特殊模糊与水彩滤镜设计水彩画效果。主要技术有图像的反相调整、特殊模糊滤镜、水彩滤镜、色阶的调整、色相/饱和度、反相选择等。

一、案例分析

图 5.4.1 所示为原图，图 5.4.2 所示为效果图。

图 5.4.1　原图　　　　　　　　　　图 5.4.2　效果图

在案例的操作过程中主要注意以下几点。

(1) 在进行背景副本特殊模糊时，要注意模式的变换。

(2) 在进行背景副本 2 特殊模糊时，要尽量可能大的调整半径与阈值。

(3) 水彩设置时，水彩强度要根据图像的大小适中，过大与过小对效果影响较大。

(4) 如果图层叠加后图像的光线太暗，要进行适当的调整。

二、技能知识

本案例主要介绍图像的反相调整、模糊滤镜。

1. 图像调整：反相

"反相"调整命令可以反转图像的颜色和色调。可以使用此命令将一个正片黑白图像变成负片，或从扫描的黑白负片得到一个正片。反相图像时，把每个像素的亮度值转换为 256 级颜色值刻度上相反的值。"反相"命令可以先选择要选定反相的内容，如图层、通道、选取范围或图像。然后执行"图像"|"调整"|"反相"命令，或用快捷键"Ctrl+I"。例如，可以将一个黑白正片转换为负片，产生类似照片底片的效果。

例如，打开一幅图像，执行"图像"|"调整"|"反相"命令后，效果如图 5.4.3 所示。

图 5.4.3　反相原图与效果对比

2. 滤镜：模糊

使用"模糊"滤镜组可以对图像进行模糊处理，可以利用此滤镜组来突出画面中的某一部分；对画面中颜色变化较大的区域进行模糊，可以使画面变得较为柔和平滑；同样可以利用此滤镜组去除画面中的杂色。

1) 模糊

使用"模糊"命令可以使图像产生极其轻微的模糊效果，只有多次使用此命令后才可以看出图像模糊的效果。此命令没有对话框，执行此命令后，系统将自动对图像进行处理。

2) 进一步模糊

使用"进一步模糊"命令与使用"模糊"命令对图像所产生的模糊效果基本相同，但使用"进一步模糊"命令要比使用"模糊"命令使图像产生的模糊效果更加明显。

使用"进一步模糊"命令后的画面与原图效果对比如图 5.4.4 所示。

图 5.4.4　"进一步模糊"效果对比

3) 高斯模糊

在前面已经介绍。

4) 动感模糊

使用"动感模糊"命令可以使图像产生模糊运动的效果，类似于物体高速运动时曝光的摄影手法。选项栏如图 5.4.5 所示。

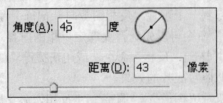

图 5.4.5 "动感模糊"选项栏

调节参数如下。

角度：此选项决定图像模糊的方向，此数值既可以为负值也可以为正值。

距离：此选项决定图像模糊的程度，数值越大模糊程度越强烈。

图 5.4.6 所示为使用该命令后的画面与原图效果对比。

图 5.4.6 "动感模糊"效果对比

5) 径向模糊

使用"径向模糊"命令可以使图像产生旋转或放射的模糊运动效果。选项栏如图 5.4.7 所示。

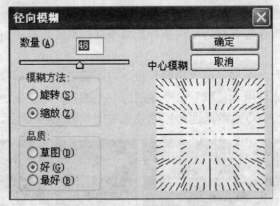

图 5.4.7 "径向模糊"选项栏

调节参数如下。

数量：此选项决定图像模糊的程度，数值越大模糊程度越强烈。

模糊方法：在此选项中包括"旋转"和"缩放"两种模糊方式，这两种模糊方式对图像所产生的模糊效果截然不同。

中心模糊：此窗口是线性预示窗口，该滤镜运行时间比较长，可以通过在该窗口中拖移图案指定模糊的中心。

品质：在此选项中有"草图"、"好"和"最好"3 种品质选择，当选择不同的品质时，所生成的模糊效果也不同。

图 5.4.8 所示为使用该命令后的画面与原图效果对比。

图 5.4.8 "径向模糊"效果对比

6) 特殊模糊

当画面中有微弱变化的区域时，便可以使用此命令。执行"特殊模糊"命令将只对有微弱颜色变化的区域进行了模糊，不对边缘进行模糊。可以使图像中原来较清晰的区域不变，原来较模糊的区域更为模糊。选项栏如图 5.4.9 所示。

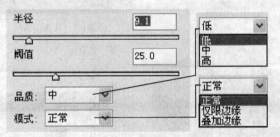

图 5.4.9 "特殊模糊"的选项栏

调节参数如下。

半径：决定画面中不同像素进行处理的范围。

阈值：决定像素处理前后的变化差别。在此选项中设定一个数值，使用"特殊模糊"命令对图像进行模糊后，所有低于这个差值的像素都会被模糊。

品质：在此选项中包括"低"、"中"和"高"3 种品质选择，决定图像模糊后的质量，与"径向模糊"命令中的"品质"选项作用相同，当选择不同品质时，所生成的模糊效果不同。

模式：在此对话框中有"正常"、"仅限边缘"、"叠加边缘"3 种模式。

图 5.4.10 与图 5.4.11 所示为使用该命令后的画面与原图效果对比。

图 5.4.10 "特殊模糊"正常模式效果

图 5.4.11 "特殊模糊"仅限边缘与叠加边缘模式效果

三、操作指南

(1) 打开图像。执行"文件"|"打开"命令(Ctrl+O),弹出"打开"对话框,选择需要的素材文件,单击"确定"按钮,打开图片文件。效果如图 5.4.11 所示。

(2) 复制背景。在"图层"面板上选择"背景"图层,将其拖到创建新图层按钮 🔲 上,得到"背景副本"图层。

(3) 色阶调整。选择"背景副本"图层,执行"图像"|"色阶"命令,弹出"色阶"对话框,进行参数设置,得到的效果如图 5.4.12 所示。

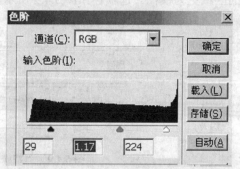

图 5.4.12 色阶参数与效果

(4) 特殊模糊。选择"背景副本"图层,执行"滤镜"|"模糊"|"特殊模糊"命令,弹出"特殊模糊"对话框,将"模式"设置为"仅限边缘",设置完毕后单击"确定"按钮应用滤镜,得到效果如图 5.4.13 所示。

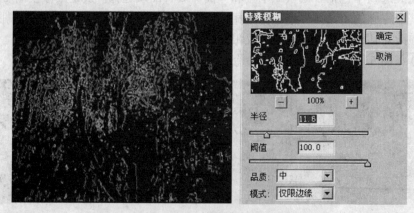

图 5.4.13 特殊模糊效果

(5) 反相背景副本。执行"图像"|"调整"|"反相"命令，将图像颜色反转，效果如图 5.4.14 所示。

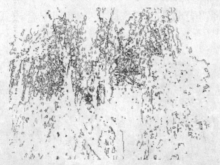

图 5.4.14　反相效果

(6) 复制背景。在"图层"面板上选择"背景"图层，将其拖到创建新图层按钮 🔲，得到"背景副本 2"图层，将"背景副本 2"图层放在所有图层最上方，"图层"面板效果如图 5.4.15 所示的效果。

(7) "背景副本 2"特殊模糊。选择"背景图层 2"图层，执行"滤镜"|"模糊"|"特殊模糊"命令，弹出"特殊模糊"对话框，将"模式"设置为"正常"，设置完毕后单击"确定"按钮，应用滤镜后得到的图像效果如图 5.4.16 所示。

图 5.4.15　图层效果

图 5.4.16　特殊效果设置

(8) 背景副本 2 的水彩设置。选择"背景副本 2"，执行"滤镜"|"艺术效果"|"水彩"命令，弹出"水彩"对话框，进行具体参数设置，设置完毕后单击"确定"按钮应用滤镜，得到如图 5.4.17 所示的效果。

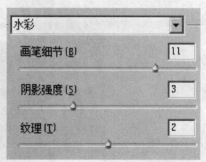

图 5.4.17　水彩效果

(9) 背景副本 2 色阶调整。选择"背景副本 2"图层，执行"图像"|"调整"|"色阶"命令，对"背景副本 2"进行调整，效果如图 5.4.18 所示。

(10) 图层模式修改。选择"背景副本 2"图层，将其混合模式设置为"正片叠底"，效果如图 5.4.19 所示。

图 5.4.18 色阶效果　　　　　　　　图 5.4.19 正片叠底效果

(11) 复制背景图层。选择"背景"图层，将其拖到创建新图层按钮上，得到"背景副本 3"，将"背景副本 3"移动到所有图层的最上面，效果如图 5.4.20 所示。

(12) 模糊图层。选择"背景副本 3"图层，执行"滤镜"|"模糊"|"高斯模糊"命令，弹出"高斯模糊"对话框，参数设置如图 5.4.21 所示。

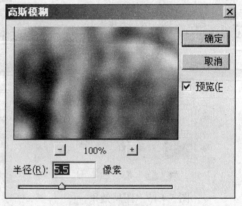

图 5.4.20 图层效果　　　　　　　　图 5.4.21 高斯模糊设置

(13) 修改图层模式。选择"背景副本 3"图层，将图层混合模式改为"正片叠底"模式，效果如图 5.4.22 所示。

图 5.4.22 图层效果

(14) 色阶调整。选择最上方的图层，单击"图层"面板上方的创建新的填充或调整图层按钮，在弹出的下拉菜单中选择"色阶"，弹出"色阶"对话框，进行如图 5.4.23 所示的设置。

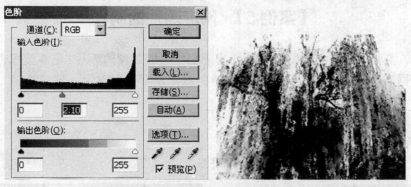

图 5.4.23　色阶设置

(15) 饱和度设置。在"图层"面板上单击创建新建的填充或调整图层按钮，在弹出的下拉菜单中选择"色相/饱和度"菜单，进行如图 5.4.24 所示的设置。最终效果如图 5.4.25 所示。

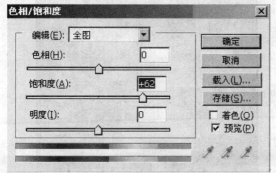

图 5.4.24　色相/饱和度设置　　　　　　　　图 5.4.25　最终效果

四、案例小结

通过本案例的学习，学会利用滤镜中的特殊模糊与水彩效果进行模拟各种样式的水彩艺术效果设置。

五、实训练习

利用类似的方法对给定的如图 5.4.26 所示的素材进行油画处理，效果如图 5.4.27 所示。

图 5.4.26　素材　　　　　　　　　　图 5.4.27　油画效果

【案例5】 网屏照片的制作

本案例的主要目的是利用图像的网屏滤镜制作网屏效果的照片。主要技术有图层模式的变换、半调网屏、图层混合模式的变换、调色刀滤镜、云彩滤镜、玻璃滤镜、海报边缘滤镜等。

一、案例分析

图5.5.1所示为原图，图5.5.2所示为效果图。

图5.5.1　原图　　　　　　　　　　图5.5.2　效果图

在案例的操作过程中主要注意以下几点。

(1) 注意复制文件与复制图层的区别。

(2) 在设置半调网屏时，输入像素与输出像素要一致。

(3) 半调网屏中频率的大小直接影响图像中的点的多少。

(4) 制作玻璃效果的目的是为了后面置换边缘使用。

二、技能知识

本案例主要介绍扭曲和渲染滤镜。

1. 滤镜：扭曲

"扭曲"滤镜组可以对图像进行变形扭曲操作，从而产生奇妙的艺术效果。

1) 扩散亮光

使用"扩散亮光"命令，可以对图像的高亮区域用背景色进行填充，以扩散图像上的亮光，使图像产生发光的效果，图5.5.3所示为"扩散亮光"选项栏。

参数调节如下。

粒度：通过拖动滑块的位置或输入数值，来对添加颗粒的数目进行控制。

发光量：通过拖动滑块的位置或输入数值，来对图像的发光强度进行控制。

图 5.5.3 "扩散亮光"选项栏

清除数量：此数量的大小决定背景色覆盖区域的范围。数值越大覆盖的范围越小，数值越小覆盖的范围越大。图 5.5.4 显示了扩散亮光的效果。

图 5.5.4 扩散亮光效果

2）置换

"置换"命令可以使一幅图像按照另一幅图像的纹理进行变形，最终用两幅图像的纹理将两幅图像组合在一起。用来置换前一幅图像的图像被称之为置换图，该图像必须为 PSD 格式，图 5.5.5 所示为"置换"选项栏。

参数调节如下。

水平比例：此选项决定图像像素在水平方向上的移动距离。

垂直比例：此选项决定图像像素在垂直方向上的移动距离。

置换图：在此选项中包括"伸展以适合"和"拼贴"两种选项，当选择"伸展以适合"时，影像进行缩放使其与前图像适配；当选择"拼贴"时，影像在当前图像中重复排列。

未定义区域：在此选项组中包括"折回"和"重复边缘像素"两个选项，当选择"折回"选项时可以将画面一侧的像素移动到画面的另一侧，当选择"重复边缘像素"时，可以自动利用附近的颜色填充图像移动后的空白区域。

3）玻璃

"玻璃"命令产生类似于画布置于玻璃下的效果，图 5.5.6 所示为"玻璃"选项栏。效果如图 5.5.7 所示。

参数调节如下。

扭曲度：决定图像的扭曲程度，数值越大扭曲越强烈。

平滑度：决定图像的光滑程度。

纹理：包括"块状"、"画布"、"磨砂"和"微晶体"4 个选项，它们决定着玻璃的纹理，选择不同的选项，所产生的画面效果将各不相同。

缩放：此选项中的数值决定生成纹理的大小，数值越大，产生的纹理越大。

反相：当选中此复选框时，可以将生成纹理的凹凸进行反转。

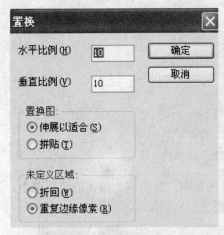
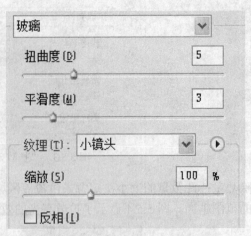

图 5.5.5　"置换"选项栏　　　　　　图 5.5.6　"玻璃"选项栏

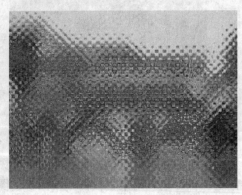

图 5.5.7　玻璃效果原图与效果图对比

4) 海洋波纹

　　"海洋波纹"命令将在画面的表面生成一种随机性间隔的波纹，产生类似于画面置于水下的效果，图 5.5.8 所示为"海洋波纹"选项栏。效果如图 5.5.9 所示。

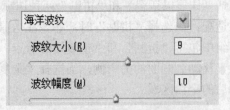

图 5.5.8　"海洋波纹"选项栏

图 5.5.9　海洋波纹效果对比

参数调节如下。

波纹大小：决定生成波纹的大小。

波纹幅度：决定生成波纹的密度。

5）挤压

"挤压"命令可以对图像向外或向内进行挤压。

6）极坐标

"极坐标"命令可以使图像产生强烈的变形。其中，平面坐标到极坐标是将直角坐标转换成极坐标。极坐标到平面坐标是将极坐标转换成直角坐标。效果如图 5.5.10 所示。

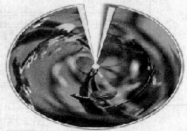

图 5.5.10　极坐标原图与效果图对比

7）波纹

"波纹"命令所生成的效果类似于水面波纹。

8）切变

选择"切变"命令，在弹出"切变"对话框中，可以通过调整对话框左上角的曲线形状来使图像沿设定的曲线扭曲。

折回：用图像的对边内容填充未定义的区域。

重复边缘像素：按指定方向对图像的边缘像素进行扩展填充。

9）球面化

"球面化"命令可以将图像挤压，产生图像包在球面或柱面上的立体效果。

10）旋转扭曲

"旋转扭曲"命令将以图像或选择区域中心来对图像进行旋转扭曲变形，当对图像进行旋转扭曲后，图像或选择区域的中心扭曲程度要比边缘的扭曲强烈。旋转扭曲参数为"度数"调节，此数值可以是负值，也可以是正值，主要决定图像的旋转扭曲程度。当为负值时，图像以逆时针进行旋转扭曲；当数值为正直时，图像以顺时钟旋扭曲。当数值为最小或最大时图像的旋转扭曲程度最强烈，但旋转扭曲的方向不同。效果如图 5.5.11 所示。

图 5.5.11　旋转扭曲效果

11）波浪

"波浪"命令可以生成强烈的波纹效果，与"水波"命令不同的，可以对波长的振幅进行控制图 5.5.12 所示为"波浪"选项栏。效果如图 5.5.13 所示。

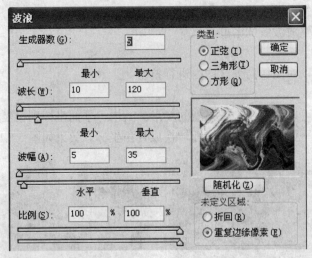

图 5.5.12　"波浪"选项栏

图 5.5.13　波浪原图与效果图对比

参数调节如下。

生成器：通过调整滑块的位置或数值来调整生成波纹的数量。

波长：决定生成波纹的大小。

波幅：决定生成波纹之间的距离。

比例：决定生成波纹在水平和垂直方向上的缩放比例。

类型：包括"正弦"、"三角形"和"方形"3 个选项，它们决定生成波纹的类型。

随机化：每当单击此按钮时，将会自动生成一种不同的波纹。

未定义区域：决定像素移动后产生的空白区域以何种方式进行填充，其中包括"折回"和"重复边缘像素"两个选项。

12) 水波

"水波"命令所生成效果类似于平静的水面波纹，如图 5.5.14 所示。

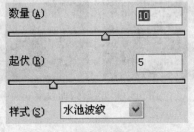

图 5.5.14　"水波"选项栏

参数调节如下。

数量：决定生成水波波纹的数量。

起伏：决定生成水波波纹的凸出或凹陷程度。

样式：在此选项中包括"围绕中心"、"从中心向外"和"水池波纹"3 个选项，选择不同的样式所生成的波纹形状将会不同。

2．滤镜：渲染

使用"渲染"滤镜组可以在画面中制作立体、云彩和光照等特殊效果。其中强大的"光照效果"命令可以绘制出非常漂亮的纹理图像，"云彩"、"分层云彩"及"镜头光晕"命令也都是利用价值很高的命令。

1) 云彩

使用"云彩"命令可以根据前景色在画面中生成类似于云彩的效果，此命令没有对话框，每次使用此命令时，所生成画面效果都会有所不同。

将工具箱中的前景色设置为白色，背景色设置为蓝色，使用"云彩"命令后，在画面中生成的画面效果如图 5.5.15 所示。

图 5.5.15　云彩效果

2) 分层云彩

使用"分层云彩"命令可以根据当前图像的颜色，产生与原图像有关的云彩效果。使用"分层云彩"命令后的画面与原图效果如图 5.5.16 所示。

图 5.5.16　分层云彩效果对比

3) 纤维

使用"纤维"命令可以根据前景色在画面中生成类似于纤维的效果。选项栏如图 5.5.17 所示。参数调节如下。

原理与"云彩"命令相似，将工具箱中的前景色设置为白色，背景色设置为蓝色，使用"纤维"命令后，在画面中生成的画面效果如图 5.5.18 所示。

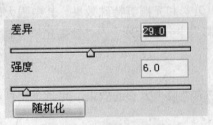

图 5.5.17 "纤维"选项栏

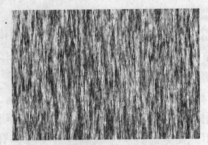

图 5.5.18 纤维效果

4) 镜头光晕

使用"镜头光晕"命令可以使图像产生摄像机镜头的眩光效果。选项栏如图 5.5.19 所示。

图 5.5.19 "镜头光晕"选项栏

参数调节如下。

亮度：通过拖动滑块的位置，可以调整添加光晕的亮度。

镜头尖型：在此选项中包括"50-300 毫米变焦"、"35 毫米聚焦"、"105 毫米聚焦"和"电影镜头"4 个选项，用户可以根据不同的需要来对其进行选择。

使用该命令之后的画面与原图的效果对比如图 5.5.20 所示。

图 5.5.20 镜头光晕效果对比

5) 光照效果

使用"光照效果"命令可以制作出多种奇妙的灯光纹理效果,此命令是 Photoshop 软件中非常重要的一个命令,但是,它只能用于 RGB 图像。选项栏如图 5.5.21 所示。

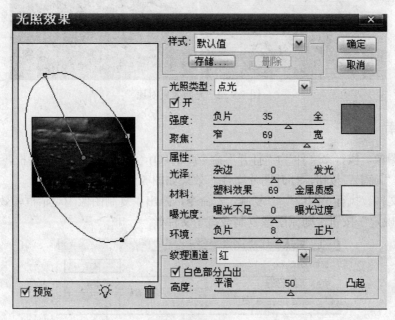

图 5.5.21 "光照效果"选项栏

参数调节如下。

在"样式"下有"存储"和"删除"两个按钮,当单击"存储"按钮时,可以将当前的灯光设置进行保存;当单击"删除"按钮时,可以将"样式"选项中当前所选择的样式进行删除。

光照类型:在其下拉列表中可以选择光源的类型,包括"点光"、"平行光"和"全光源" 3 个选项。

强度:通过拖动滑块的位置,可以对灯光的光照强度进行调整,数值越大,强度越大。单击右侧的色块,可以对光照的颜色进行设置调整。

聚焦:当选择"点光"选项时,此命令才可以使用,它主要决定图像中所使用灯光的高亮范围。

光泽:决定图像效果的平衡程度。

材料:通过调整滑块的位置来调整图像的质感,在左侧的色块中给图像添加一种色调,使图像的质感更为逼真。

曝光度:此选项决定图像的反光程度,数值越大,则反光越强烈。

环境:此选项决定图像的反光范围。

纹理通道:在右侧的窗口中,可以选择要用于产生立体效果的通道,其有红、绿和蓝 3 个通道选项。

白色部分凸出:当选中该复选框时,画面中的白色部分为最高凸起;当不选中此复选框时,画面中的黑色部分为最高凸起。

高度:决定画面中立体凸起的高度,数值越大,凸起越明显。

使用该命令之后的画面与原图的效果对比如图 5.5.22 所示。

图 5.5.22　光照效果对比

三、操作指南

(1) 打开图像。执行"文件"|"打开"命令(Ctrl+O)，弹出"打开"对话框，选择需要的素材文件，单击"确定"按钮，打开图片文件。效果如图 5.5.1 所示。

(2) 复制文件。执行"图像"|"复制…"命令，弹出"复制图像"对话框，效果如图 5.5.23 所示，单击"确定"按钮，则原图像复制成另一文件。

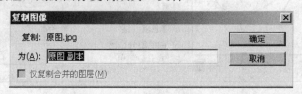

图 5.5.23　"复制图像"对话框

(3) 图像改为灰度模式。选择"原图副本"文件，执行"图像"|"模式"|"灰度"命令，弹出相应的对话框，执行后图像效果如图 5.5.24 所示。

图 5.5.24　灰度设置与效果

(4) 位图设置。执行"图像"|"模式"|"位图"命令，弹出"位图"对话框，在弹出的"半调网屏"对话框中，将进行相关参数设置如图 5.5.25 所示，效果如图 5.5.26 所示。

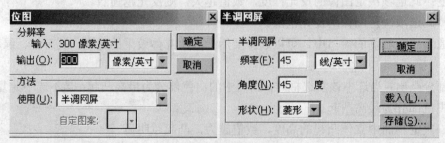

图 5.5.25　"位图"设置

(5) 选择图像。选择"原图副本"文件，执行"选择"|"全选"命令，将"原图副本"中的所有图像选中，执行"编辑"|"拷贝"命令，将图像进行拷贝。

(6) 复制图像。将当前文件切换到"原图"文件，执行"编辑"|"粘贴"命令，则"原图副本"的图像复制到"原图"中，得到"图层1"，将"图层1"的图层模式设置为"叠加"模式，效果如图5.5.27所示。

图 5.5.26　网屏效果　　　　　　　　图 5.5.27　叠加效果

(7) 新建图层。单击"图层"面板上创建新图层按钮，新建"图层2"，选择"图层2"，将前景色与背景色设置成默认的黑色与白色，执行"滤镜"|"渲染"|"云彩"命令，得到如图5.5.28所示的效果。

图 5.5.28　云彩效果

(8) 调色刀调整。选择"图层 2"图层，执行"滤镜"|"艺术效果"|"调色刀"命令，弹出"调色刀"对话框，进行参数设置，单击"确定"按钮，得到如图5.5.29所示的效果。

(9) 海报边缘设置。选择"图层 2"图层，执行"滤镜"|"艺术效果"|"海报边缘"命令，弹出"海报边缘"对话框，进行参数设置，单击"确定"按钮，得到如图5.5.30所示的效果。

(10) 玻璃效果设置。选择"图层2"图层，执行"滤镜"|"扭曲"|"玻璃"命令，弹出"玻璃"对话框，进行参数设置，单击"确定"按钮，得到如图5.5.31所示的效果。

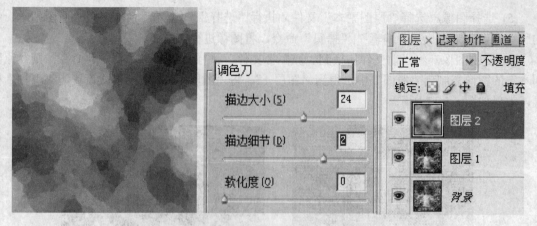

图 5.5.29　调色刀的设置与效果

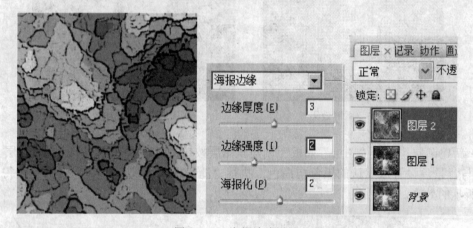

图 5.5.30　海报边缘设置

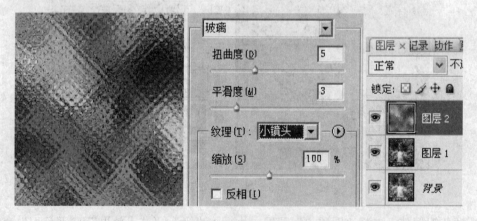

图 5.5.31　玻璃效果的制作

（11）保存文件。执行"文件"|"存储为…"命令，弹出"存储为…"对话框，将文件名定为"玻璃"，单击"确定"保存文件。

（12）图层创建。将上面制作的文件存储为"效果"文件，打开"效果"文件，选择"图层2"图层，将"图层2"拖到删除图层按钮 上，将"图层2"删除，单击创建新图层按钮 ，重新创建"图层2"，效果如图 5.5.32 所示。

图 5.5.32　图层效果

(13) 建立选区。选择工具箱中的矩形框工具，利用"添加到选区"在边缘建立任意几个大小不等的选区，将前景色设置为黑色，在"图层 2"中用前景色进行填充，效果如图 5.5.33所示。

图 5.5.33　选区效果

(14) 置换设置。按"Ctrl+D"取消图像中的选区，选择"图层 2"执行"滤镜"|"钮曲"|"置换"命令，弹出"置换"对话框，进行参数设置，设置完毕后单击"确定"按钮，设置过程如图 5.5.34 所示，最终效果如图 5.5.2 所示。

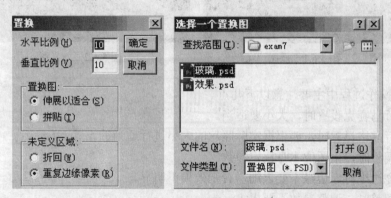

图 5.5.34　置换设置

四、案例小结

通过本案例的学习，学会运用置换滤镜、云彩滤镜等特效进行创意设计。

五、实训练习

用给定的如图 5.5.35 所示的素材利用云彩等效果制作如图 5.5.36 所示的闪电效果。

图 5.5.35　素材　　　　　　　　　图 5.5.36　效果图

【案例6】 拼图效果的制作

本案例的目的是利用滤镜中的马赛克效果与边缘设置具有拼图效果的艺术照片。主要技术有色彩平衡调整、色相/饱和度调整、亮度调整、马赛克滤镜、照亮边缘滤镜、图层样式、填充工具、画笔工具等。

一、案例分析

图 5.6.1 所示为原图，5.6.2 所示为效果图。

图 5.6.1　原图　　　　　　　　　图 5.6.2　效果图

在案例的操作过程中主要注意以下几点。

(1) 在进行马赛克设置时，大小要适当。

(2) 在进行晶格设置时，要根据实际照片的大小进行适当的设置。

(3) 亮度调整时，由图像本身决定参数。

(4) 在照亮边缘时，边缘不要太细，否则效果不明显。

(5) 色阶调整时，调整参数不要太大。

二、技能知识

本案例主要介绍图像的色彩平衡调整与像素化滤镜。

1. 图像的调整：色彩平衡

"色彩平衡"命令可以对图像进行一般的色彩调整，可以使图像的各种色彩达到平衡，常用于局部偏色的图像。此命令只作用于复合颜色通道，可以在彩色图像中改变颜色的混合。

执行"图像"|"调整"|"色彩平衡"命令，弹出"色彩平衡"对话框，如图 5.6.3 所示，在对话框中输入不同色阶值，可以得到不同的效果。

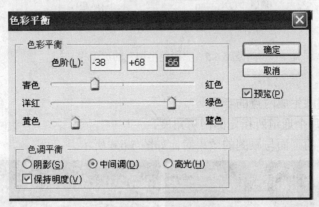

图 5.6.3　色彩平衡对话框

保持明度：可保持图像中的色调平衡。通常，调整 RGB 色彩模式的图像时，为了保持图像的整体亮度，才要勾选此复选框。

色阶：这是"色彩平衡"对话框的主要部分，"色彩校正"就通过在这里的数值框输入数值或拖动三角滑块实现。三角形滑块移向需要增加的颜色，或是拖离想要减少的颜色，就可以改变图像中的颜色组成，增加滑块接近的颜色，减少远离的颜色。

颜色条：包含 3 个数据框，数值会在-100～+100 之间不断变化出现相应数值，3 个数值框分别表示 RGB 通道的颜色变化。

色调平衡：在此区域中可以选择想要进行更改的色调范围，其中包括暗调、中间调、高光。

例如，打开一幅图像，执行"图像"|"调整"|"色彩平衡"命令后，在对话框中输入色阶后效果如图 5.6.4 所示。

图 5.6.4　色彩平衡的原图与效果图对比

2. 滤镜：像素化

使用"像素化"滤镜组可以使相似颜色值的像素结块生成为单元格，重新定义图像或选区，从而得到类似于挂网、马赛克等纹理的效果，其下包括 7 种不同效果的滤镜命令。

1) 彩色半调

使用"彩色半调"命令可以将每一个通道划分为矩形栅格，然后将像素添加进每一个栅格，并用圆形替换矩形，从而生成在图像的每一个通道使用扩大的半色调网屏效果，如图5.6.5所示。

图 5.6.5　"彩色半调"的选项栏

参数调节如下。

最大半径：决定画生成网点的半径。

网角(度)：决定每个通道所指定的网屏角度。

使用该命令之后的画面与原图的效果对比如图5.6.6所示。

图 5.6.6　彩色半调的原图与效果图对比

2) 晶格化

使用"晶格化"命令可以使图像像素结块生成为单一颜色的多边形栅格。选项栏如图5.6.7所示。

图 5.6.7　"晶格化"的选项栏

参数调节如下。

晶格化：决定画面中生成单元格的大小，数值越大生成的单元格越大。

使用该命令之后的画面与原图的效果对比如图5.6.8所示。

图 5.6.8　晶格化的原图与效果图对比

222

3) 彩块化

使用"彩块化"命令可以将图像转化为颜色相近的色块，从而生成具有手绘感觉的图像。图 5.6.9 所示为原图与使用该命令后的画面效果对比。

图 5.6.9　彩块化的原图与效果图对比

4) 碎片

使用"碎片"(Fragment)命令可以将图像中的像素复制并进行半移，使图像产生一种不聚焦的模糊效果。命令执行效果原图与效果图如图 5.6.10 所示。

图 5.6.10　晶格化的原图与效果图对比

5) 铜版雕刻

"铜版雕刻"命令是用点、线条或笔画重新生成图像，且图像的颜色同时被饱和。"铜版雕刻"。选项栏如图 5.6.11 所示。

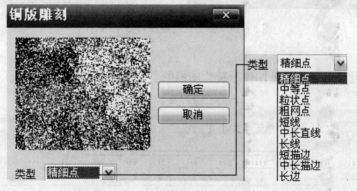

图 5.6.11　"铜版雕刻"的选项栏

参数调节如下。

类型：在此选项右侧的下拉列表中可以任意选择网格模式，使图像生成不同网格的效果。使用该命令之后的画面与原图的效果对比如图 5.6.12 所示。

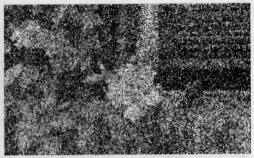

图 5.6.12　铜版雕刻的原图与效果图对比

6）马赛克

使用"马赛克"命令可以首先将画面中的像素分组，然后将其转换成颜色单一的方块，使图像生成马赛克效果。选项栏如图 5.6.13 所示。

图 5.6.13　马赛克效果选项栏

参数调节如下。

对话框中的"单元格大小"选项与"晶体化"命令的相同。图 5.6.14 所示为使用该命令后的画面与原图效果对比。

图 5.6.14　晶格化的原图与效果图对比

7）点状化

使用"点状化"命令可以使图像分解为随机的点，产生点画作品的效果。选项栏如图 5.6.15 所示。

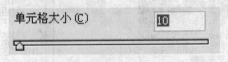

图 5.6.15　"点状化"命令的选项栏

参数调节如下。

对话框中的"单元格大小"选项与"晶体化"命令的相同。图 5.6.16 所示为使用该命令后的画面与原图效果对比。

图 5.6.16　点状化的原图与效果图对比

三、操作指南

(1) 打开图像。执行"文件"|"打开"命令(Ctrl+O)，弹出"打开"对话框，选择需要的素材文件，单击"确定"按钮，打开图片文件。效果如图 5.6.1 所示。

(2) 复制背景。在"图层"面板上选择"背景"图层，将其拖到创建新图层按钮 上，得到"背景副本"图层，效果如图 5.6.17 所示。

图 5.6.17　复制效果

(3) 色彩平衡设置。执行"图像"|"调整"|"色彩平衡"命令，弹出"色彩平衡"对话框，进行如图 5.6.18 参数设置，设置完毕后，单击"确定"按钮，得到如图 5.6.19 所示的效果。

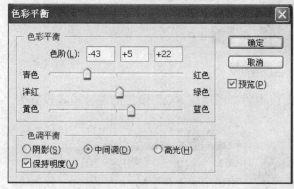

图 5.6.18　色彩平衡设置　　　　　　　　图 5.6.19　色彩平衡效果

(4) 色相/饱和度调整。执行"图像"|"调整"|"色相/饱和度"命令，弹出"色相/饱和度"对话框，进行如图参数设置，设置完毕后，单击"确定"按钮，得到如图 5.6.20 所示的效果，用来降低颜色。

(5) 亮度调整。执行"图像"|"调整"|"亮度/对比度"命令，弹出"亮度/对比度"对话

图 5.6.20　色相/饱和度参数与效果

框，进行如图参数设置，设置完毕后，单击"确定"按钮，得到如图 5.6.22 所示的效果，用来调整照片的亮度。

图 5.6.21　亮度/对比度参数与效果

(6)　"背景副本"复制。在"图层"面板上将"背景副本"图层拖到创建新图层按钮 上，得到"背景副本 2"图层。

(7)　马赛克设置。选择"背景副本 2"图层，执行"滤镜"|"像素化"|"马赛克"命令，弹出"马赛克"对话框，将晶格大小设置为 50，设置完毕后按"确定"按钮，得到如图 5.6.22 所示的效果。

图 5.6.22　晶格效果

(8)　图层混合模式的改变。在"图层"面板上将"图层副本 2"图层的混合模式设置为"叠加"，效果如图 5.6.23 所示。

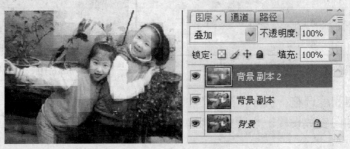

图 5.6.23　叠加模式效果

226

(9) 复制"背景副本2"。在"图层"面板上将"背景副本2"图层拖到创建新图层按钮 上，得到"背景副本 3"图层，将"背景副本 3"的图层混合模式设置为"正常"模式，效果如图 5.6.24 所示。

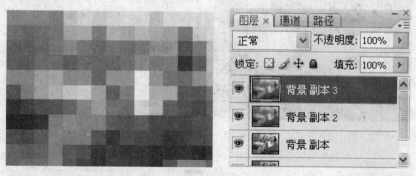

图 5.6.24　背景副本 3 效果

(10) 照亮边缘设置。选择"背景副本 3"图层，执行"滤镜"|"风格化"|"照亮边缘"命令，弹出"照亮边缘"对话框，进行参数设置，效果如图 5.6.25 所示。

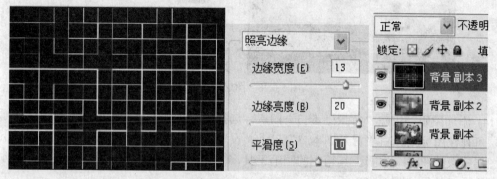

图 5.6.25　照亮边缘参数与效果

(11) 色阶调整。选择"背景副本 3"图层，执行"图像"|"调整"|"色阶"命令，弹出"色阶"对话框，进行参数设置，效果如图 5.6.26 所示。

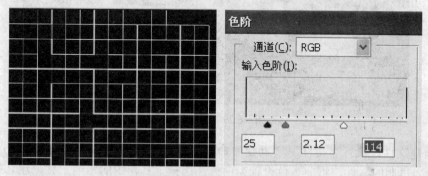

图 5.6.26　色阶参数与效果

(12) "背景副本 3"模式改变。选择"背景副本 3"图层，将其图层混合模式设置为"柔光"模式，效果如图 5.6.27 所示。

(13) 添加蒙版。选择"背景副本 2"图层，单击"背景副本 3"图层前面的批示图层可视性图标 ，将"背景副本 3"隐藏，将前景色设置为黑色，选择工具箱中的画笔工具 ，在"背景副本 2"图层的人物脸部进行涂抹，则人物的脸部变得清晰，效果如图 5.6.28 所示。

图 5.6.27 柔光效果

图 5.6.28 图层效果

(14) 添加蒙版。去除"背景副本 3"图层。选择"背景副本 3"图层，单击图层前面的批示图层可视性图标👁，将"背景副本 3"显示。设置前景色为黑色，单击"图层"面板下方的添加图层蒙版按钮◙，选择工具箱中的画笔工具✎，调整画笔的大小，用画笔在"背景副本 3"图层上涂抹，效果如图 5.6.29 所示。

图 5.6.29 蒙版效果

(15) 新建文件。执行"文件"|"新建"命令，弹出"新建"对话框，建立大小为 10×10 像素，背景为透明的文件，将前景色设置为白色，选择工具箱中的铅笔工具，建立如图 5.6.30 所示的图案。

(16) 定义图案。执行"编辑"|"定义图案"命令，在弹出"图案名称"对话框中输入名称，效果如图 5.6.31 所示。

(17) 创建新图层。切换到"图层"面板，单击"图层"面板下方的创建新图层按钮◩，新建"图层 1"图层，选择工具箱中的油漆桶工具◈，在工具选项栏中选择填充类型为"图案"，并在图案列表中选择刚刚定义的图案，在"图层 1"上填充，效果如图 5.6.32 所示。

图 5.6.30　图案效果　　　　　图 5.6.31　定义图案对话框

图 5.6.32　图层效果

(18) 清除脸部纹理。与上述第(14)步类似，清除脸部纹理，效果如图 5.6.33 所示。

图 5.6.33　纹理效果

(19) 设置渐变叠加。选择"图层 1"，单击"图层"面板下方的添加图层样式按钮 *fx*，在弹出的菜单中选择"投影"，打开"图层样式"对话框，进行投影设置，设置完毕后，勾选"渐变叠加"选项，进行参数设置，设置完毕后单击"确定"按钮应用所有样式，得到如图 5.6.34 所示的图像效果。

图 5.6.34　效果图

229

四、案例小结

通过本案例的学习，学会利用马赛克等滤镜进行一些创意设计。

五、实训练习

根据给定的如图 5.6.35 所示的素材，利用所学的滤镜制作如图 5.6.36 所示的撕纸效果。

图 5.6.35　素材图　　　　　　　　图 5.6.36　效果图

第 6 章 Photoshop CS3 文字特效应用

┤ 学习要点 ├

　　本章的主要学习目的利用 Photoshop 的相关技术制作文字特效字。全章主要讲解了 8 个在 Photoshop CS3 中经常用到的具有代表性的特效字，要求学生能够举一反三进行多种样式的特效文字设置。

【案例 1】 多层特效字

　　本案例的目的是利用通道建立多层文字的特效字。主要技术有 Alpha 通道、选区的修改、画笔描边滤镜、定义画笔、路径的建立与描边、图层样式的设置。

一、案例分析

　　图 6.1.1 所示为效果图。

图 6.1.1　效果图

　　在制作过程中主要注意以下几点。

(1) 在通道载入选区时，要反选后再进行选区修改。

(2) 在建立 3 个通道区域时，要注意字的大小比例与 3 个选区的比较。

(3) 在建立纹理时，要先合并 3 个图层再设置纹理，这样显示整体效果。

(4) 画笔设置时要注意动态方向的设置。

二、技能知识

　　本案例主要介绍画笔滤镜的功能。

1. "字符" 控制面板

　　字符面板主要是用来编辑字符，使用与我们使用的 Word 的方法相似。选择文字工具后，在 "图层" 控制面板中选择文字图层，或者在文章文件中单击以自动选择文字图层。将需要的文字选中后，在文字属性栏中单击■按钮，在弹出的控制面板中选择 "字符" 选项卡，或执行

"窗口"|"字符"命令,即可弹出如图 6.1.2 所示的"字符"控制面板,各选择项的含义如下所述。

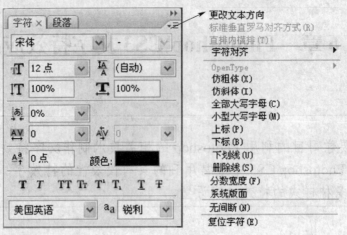

图 6.1.2　字符面板

设置字体选项 宋体 ：这个选框用以选择输入文字的字体,在下拉菜单中,我们可以选择比较适合于作品的字体,菜单中的字体种类和我们在 Windows 中安装的字体的种类有关。

设置字号选项 12 点 ：字的大小,通过调整框内数值的大小可以改变字的大小。在下拉列表中选择一个合适的数值或在下拉列表框中输入数值定义字体大小。

设置行距选项 (自动) ：这个选项用以调整文字两行之间的距离。在下拉列表中选择一个合适的数值或在下拉列表框中输入数值定义行与行之间的距离,设置不同的行距值时的效果如图 6.1.3 所示。

图 6.1.3　设置不同的行距的效果对比

垂直缩放和水平缩放 100% 和 100% ：该选项用来设置文字的高度与宽度,在垂直缩放和水平缩放文本框中输入百分数,可以调整文字的缩放比例,采用不同百分数时的效果如图 6.1.4 所示。

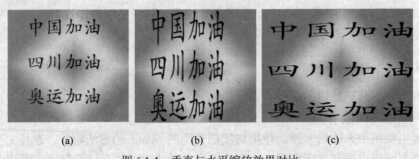

(a)　　　　　　　(b)　　　　　　　(c)

图 6.1.4　垂直与水平缩放效果对比

(a) 原字；(b) 垂直为 200%；(c) 水平为 200%。

232

设置所选字符的字距选项：该选项用来设置输入文本字与字之间的距离。在下拉列表框中选择一个合适的数值或在下拉列表框输入数值定义字与字之间的距离，设置不同的字距值时的效果如图 6.1.5 所示。

图 6.1.5　字间距放大与缩放效果对比

(a) 原字间距；(b) 字间距放大；(c) 字间距缩小。

字距微调选项 **AV 视觉**：它是用以调整一个字所占的横向空间的大小，但是文字本身的大小则不会发生改变。

调整高低选项 **A∄ 0点**：这是用以调整角标相对于水平线的高低的选框，在其文本框中输入合适的数值，可以控制文字与文字基线的距离，如果是一个正数的话，表示角标是一个上角标，它们将出现在一般的文字的右上角；而如果是负的话，则它们将代表下角标。效果如图 6.1.6 所示。

图 6.1.6　升高或降低文字效果对比

设置颜色选项 **颜色:▮**：单击该颜色块可以打开颜色选择窗口选择颜色。

文字格式控制按钮：在"字符"控制面板的下方有一排小的文字格式控制按钮，利用这些按钮可以实现大小写的转化，增加下划线或删除线以及转化为上下标文字等功能，各个功能如下所述。

设置粗体 **T**：利用该按钮可以将当前选中的文字加粗显示。

斜体按钮 **T**：利用该按钮可以将当前选中的文字倾斜显示。

全部大写 **TT**：利用该按钮可以将当前选中的小写字母变为大写字母显示。

全部小写 **Tr**：利用该按钮可以将当前选中的大写字母变为小写字母显示。

上标选项 **T¹**：利用该按钮可以将当前选中的文字变为上标显示。

下标选项 **T₁**：利用该按钮可以将当前选中的文字变为下标显示。

下划线选项 **T**：利用该按钮可以将当前选中的文字下方添加下划线。

删除线选项 **T**：利用该按钮可以将当前选中的文字中间添加删除线。

单击右上角的 **◉**，出现如图 6.1.2 所示的子菜单,其功能与上面介绍的按钮功能一样。

在"字符"面板的最下面还有两个选项。

设置语言选项 **美国英语 ▼**：在其右侧的下拉列表中可选择不同的国家语言方式。

消除锯齿选项 _aa 锐利 ✓ ：设置文本图像边缘的平滑方式，包括"无"、"锐化"、"明晰"、"强"和"平滑"5 个选项。

2. "段落"控制面板

这个面板主要用于对输入文字的段落进行管理。将需要的文字选中后，在文字属性栏中单击 ▤ 按钮，在弹出的控制面板中选择"段落"选项卡，或执行"窗口"|"段落"命令，即可弹出如图 6.1.7 所示的"段落"控制面板，各选择项的含义如下所述。

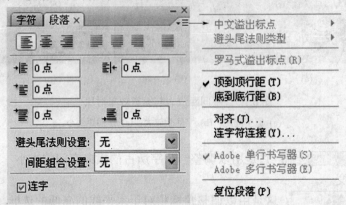

图 6.1.7　段落对话框

水平对齐按钮 ▤ ▤ ▤ ：调整段落中每一行的模式，分别为：左对齐，居中，右对齐。

段落按钮 ▤▤▤▤ ：这是用以调整段落的对齐方式，左对齐，居中，右对齐，两端对齐。当选择竖向的文本时，段落控制面板最上一行的按钮形态为 ‖‖‖ ‖‖‖ ‖‖‖ ‖‖‖ 。

垂直按钮 ‖‖‖ ‖‖‖ ‖‖‖ ：调整段落中每一行的模式，分别为：顶对齐，居中，底对齐。

‖‖‖ ‖‖‖ ‖‖‖ 按钮：这是用以调整段落的对齐方式，顶对齐，居中，底对齐，两端对齐。

左缩进选项 ▸▤ 0点 ：调整段落的左缩进。即整个段落左边留出的空间。

右缩进选项 ▤◂ 0点 ：调整段落的右缩进。

首行缩进 ▸▤ 0点 ：调整首行的左缩进。即第一行留出的空间。

段前间距缩进 ▤ 0点 ：用于设置每段文本与前一段的距离。

段后间距缩进 ▤ 0点 ：用于设置每段文本与后一段的距离。

连字选项 ☑连字 ：选中该复选框，允许使用连字符连接单词。

3. 滤镜：画笔描边

运用"画笔描边"滤镜组可以使图像产生绘画效果，其工作原理为在图形中增加颗粒、杂色或纹理，从而使图像产生多样的绘画效果。

1) 强化的边缘

使用"强化的边缘"命令可以对图像中不同颜色之间的边缘进行加强处理，如图 6.1.8 所示。

图 6.1.8　"强化的边缘"选项栏

调节参数如下。

边缘宽度：拖动滑块的位置，可以对画面边缘的宽度进行调整。

边缘亮度：决定画面边缘的亮度。此值越高，边缘效果与粉笔画类似；此值越低，边缘效果与黑色油墨类似。

平滑度：决定画面边缘的平滑度。

图 6.1.9 所示为使用该命令后的画面与原图效果对比。

图 6.1.9　强化边缘原图与效果图对比

2) 成角的线条

使用"成角的线条"命令，系统将以对角线方向的线条描绘图像。在画面中较亮的区域与较暗的区域分别使用两种不同角度的线条进行描绘，如图 6.1.10 所示。

图 6.1.10　"成角的线条"选项栏

调节参数如下。

方向平衡：此选项决定生成线条的倾斜角度。

描边长度：此选项决定生成线条的长度。

锐化程度：此选项决定生产线条的清晰程度。

图 6.1.11 所示为使用该命令后的画面与原图效果对比。

图 6.1.11　原图与效果图对比

3) 阴影线

图像中将产生一种类似于用铅笔绘制交叉的效果，以此将画面中的颜色边界加以强化和纹理化，如图 6.1.12 所示。

图 6.1.12　"阴影线"的选项栏

参数调节如下。

描边长度：此选项决定画面中生成线条的长度。

锐化程度：决定生成线形的清晰程度。

强度：此选项决定画面中生成交叉线的数量和清晰度。

图 6.1.13 所示为使用该命令后的画面与原图效果对比。

图 6.1.13　原图与效果图对比

4）深色线条

使用"深色线条"命令可以在画面中用短而密的线条绘制图像中的深色区域，用较长的白色线条描绘图像的浅色区域，如图 6.1.13 所示。

图 6.1.14　"深色线条"选项栏

调节参数如下。

平衡：此选项决定笔头的方向。

黑色强度：决定图像中黑线的显示强度，数值越大，线条越明显。

图 6.1.15 所示为使用该命令后的画面与原图效果对比。

5）墨水轮廓

使用"墨水轮廓"(Ink Outlines)命令是用圆滑的细线重新描绘图像的细节，从而使图像产生钢笔油墨画的风格。

236

图 6.1.15　原图与效果图对比

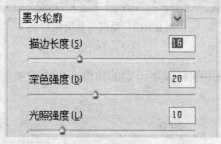

图 6.1.16　"墨水轮廓"选项栏

参数调节如下。

描边长度：此选项决定画面中线条的长度。

深色强度：决定图像中阴影部分的强度。数值越大，线条越不明显；数值越小，则线条越明显。

光照强度：决定图像中明亮部分的强度。数值越大，画面越亮；

数值越小，画面越暗。

图 6.1.17 所示为使用该命令后的画面与原图效果对比。

图 6.1.17　原图与效果图对比

6) 喷溅

使用"喷溅"命令可以在图像中产生颗粒飞溅的效果，如图 6.1.8 所示。

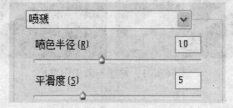

图 6.1.18　"喷溅"选项栏

参数调节如下。

喷色半径：此选项数值的大小直接影响画面效果。数值越大，画面效果越明显。

平滑度：决定图像的平滑程度。数值越小，颗粒效果越明显。

图 6.1.19 所示为使用该命令后的画面与原图效果对比。

图 6.1.19　原图与效果图对比

7) 喷色描边

使用"喷色描边"命令是用颜料按照一定的角度在画面中喷射，以重新绘制图像，如图 6.1.20 所示。

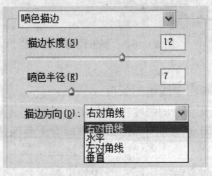

图 6.1.20　"喷色描边"选项栏

参数调节如下。

描边长度：此选项数值的大小决定画面中飞溅笔触的长度。

喷色半径：决定在画面中喷射颜色时，图像颜色溅开程度的大小。

描边方向：在此选项中可以选择任意方向，以决定画面中飞溅笔触的方向，描边方向有"右对角线"、"水平"、"左对角线"、"垂直"。

图 6.1.21 所示为使用该命令后的画面与原图效果对比。

图 6.1.21　原图与效果图对比

8) 烟灰墨

使用"烟灰墨"命令可以使图像产生一种类似于毛笔在宣纸上绘画的效果，如图 6.1.22 所示。

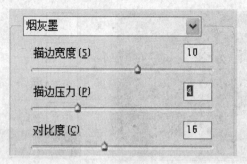

图 6.1.22　"烟灰墨"选项栏

参数调节如下。

描边宽度：此选项决定画面使用笔头的宽度。

描边压力：决定使用的笔头在画面中的笔触压力，数值越大，压力越大。

对比度：此选项决定画面中亮区与暗区之间的对比度。

图 6.1.23 所示为使用该命令后的画面与原图效果对比。

图 6.1.23　原图与效果图对比

三、操作指南

(1) 新建文件。执行"文件"|"新建"命令，新建一颜色模式为 RGB，背景色为白色，大小为 10cm×6cm 的文件。

(2) 输入文字。将前景色设置为黑色，选择工具箱中的横排文字工具 **T**，设置合适的文字字体及大小，在图像中输入"花布"文字，效果如图 6.1.24 所示。

图 6.1.24　文字图层

(3) 新建通道。切换到"通道"面板，单击"通道"面板上创建新通道按钮 ◻，新建"Alpha1"通道，按住"Ctrl"键击文字在"通道"面板上的缩览图，调出选区，效果如图 6.1.25 所示。

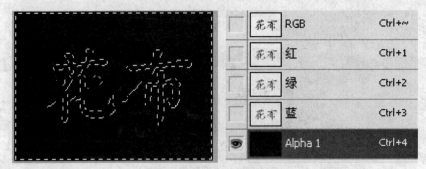

图 6.1.25　通道选区效果

(4) 调整并填充通道。执行"选择"|"反向"命令，将选区反选，生成文字选区，执行"选择"|"修改"|"扩展"命令，在弹出的"扩展选择"中将扩展数值设置为 40 像素，设置完毕后单击"确定"按钮，选择"Alpha1"通道，将前景色设置为白色，用白色填充，得到如图 6.1.26 所示的效果。

图 6.1.26　通道选区效果

(5) 边缘修饰。取消选区，选择"Alpha1"通道，执行"滤镜"|"画笔描边"|"喷色描边"命令，弹出"喷色描边"对话框，进行参数设置，效果如图 6.1.27 所示。

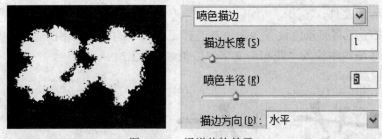

图 6.1.27　通道修饰效果

(6) 新建"Alpha2"。切换到"通道"面板，单击创建新通道按钮 ，新建"Alpha2"通道，按住"Ctrl"键鼠标单击文字在"通道"面板上的缩略图，调出其文字选区，执行"选择"|"修改"|"扩展"命令，在弹出的对话框中将扩展值设置为 20 像素，设置完毕后，选择"Alpha2"通道，用白色填充，效果如图 6.1.28 所示。

(7) 边缘修饰。取消选区，选择"Alpha2"通道，执行"滤镜"|"画笔描边"|"喷色描边"命令，弹出"喷色描边"对话框，进行参数设置，效果如图 6.1.29 所示。

图 6.1.28　Alpha2 效果

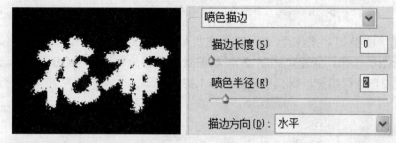

图 6.1.29　Alpha2 修饰效果

(8) 新建"Alpha3"。切换到"通道"面板，单击创建新通道按钮，新建"Alpha2"通道，按住"Ctrl"键，同时单击文字在"通道"面板上的缩略图，调出其文字选区，执行"选择"|"修改"|"扩展"命令，在弹出的对话框中将扩展值设置为 5 像素，设置完毕后，选择"Alpha3"通道，用白色填充，效果如图 6.1.30 所示。

图 6.1.30　Alpha3 效果

(9) 边缘修饰。取消选区，选择"Alpha1"通道，执行"滤镜"|"画笔描边"|"喷色描边"命令，弹出"喷色描边"对话框，进行参数设置，效果如图 6.1.31 所示。

图 6.1.31　Alpha3 修饰效果

(10) 新建"图层 1"。按住"Ctrl"键单击"Alpha1"通道缩览图，调出选区。单击"图层"面板上创建新图层按钮，新建"图层 1"，将前景色设置为深蓝色 RGB（50，50，250），用前景色在"图层 1"进行填充，得到效果如图 6.1.32 所示。

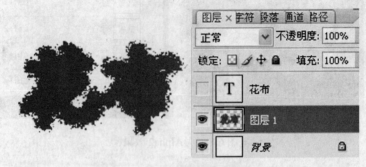

图 6.1.32　图层 1 效果

(11) 新建"图层 2"。按住"Ctrl"键单击"Alpha2"通道缩览图，调出选区。单击"图层"面板上创建新图层按钮，新建"图层 2"，将前景色设置为粉红色 RGB（250，5，220），用前景色在"图层 2"进行填充，得到效果如图 6.1.33 所示。

图 6.1.33　图层 2 效果

(12) 新建"图层 3"。按住"Ctrl"键单击"Alpha3"通道缩览图，调出选区。单击"图层"面板上创建新图层按钮，新建"图层 3"，将前景色设置为深黄色 RGB（250，220，5），用前景色在"图层 3"进行填充，得到效果如图 6.1.34 所示。

图 6.1.34　图层 1 效果

(13) 显示所有图层。将"图层 1"、"图层 2"、"图层 3"全部显示，则效果如图 6.1.35 所示。

(14) 合并图层。将"图层 1"、"图层 2"、"图层 3"3 个图层合并，等到 "图层 3"。执行"滤镜"|"纹理"|"纹理化"对话框，进行参数设置，效果如图 6.1.36 所示。

图 6.1.35　图层效果

图 6.1.36　画布效果

(15) 设置图层样式。在"图层"面板上选择"图层 3"，单击添加图层样式按钮 **fx**，在弹出的菜单中选择"投影"，弹出"图层样式"对话框，进行参数设置，效果如图 6.1.37 所示。

图 6.1.37　投影效果

(16) 斜面和浮雕设置。设置完投影后，勾选"斜面和浮雕"复选框，进行适当参数设置，其中大多数为默认值。效果如图 6.1.38 所示。

图 6.1.38　斜面与浮雕效果

(17) 设置 Alpha2 分层效果。按住"Ctrl"键单击"Alpha2"通道缩览图,调出其选区,单击"图层"面板上创建新图层按钮⊡,新建"图层 4",将前景色设置为白色,用前景色填充,取消选区。选择"图层 4",单击添加图层样式按钮 *fx.*,在弹出的菜单中选择"斜面和浮雕",弹出"图层样式"对话框,进行"斜面和浮雕"的样式设置,设置完毕后单击"确定"按钮,应用样式,将"图层 4"的图层填充透明度设置为 0%,得到如图 6.1.39 所示的效果。

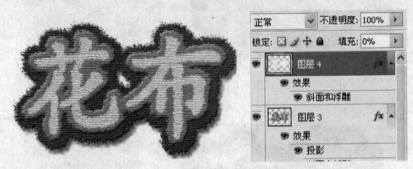

图 6.1.39　分层效果

(18) 设置 Alpha3 分层效果。按住"Ctrl"键单击"Alpha3"通道缩览图,调出其选区,单击"图层"面板上创建新图层按钮,新建"图层 4",将前景色设置为白色,用前景色填充,取消选区。选择"图层 5",单击添加图层样式按钮 *fx.*,在弹出的菜单中选择"斜面和浮雕",弹出"图层样式"对话框,进行"斜面和浮雕"的样式设置,设置完毕后单击"确定"按钮,应用样式,将"图层 4"的图层填充透明度设置为 0%,得到如图 6.1.40 所示的效果。

图 6.1.40　分层效果

(19) 新建文件。执行"文件"|"新建"命令,弹出"新建"对话框,新建大小为 20×20 像素背景为白色的文件,将前景色设置为黑色,选择工具箱中的画笔工具 ✎,设置合适的画笔大小,注意将硬度设置为 100%,用画笔在图像中画如图 6.1.41 所示的形状。

(20) 定义画笔。选择刚建好的文件,执行"编辑"|"定义画笔预设…",则出现如图 6.1.42 所示的对话框,在对话框中输入定义画笔的名称,单击"确定"按钮保存画笔预设。

图 6.1.41　画图效果　　　　　图 6.1.42　定义画笔

(21) 设置画笔。选择工具箱中的画笔工具，执行"窗口"|"画笔"命令，选择上面刚刚定义的画笔，对画笔进行参数设置，设置参数如图 6.1.43 所示。

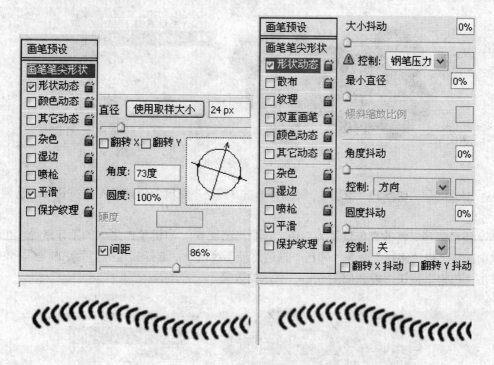

图 6.1.43　画笔设置参数

(22) 建立选区。选择"花布"文字图层，按住"Ctrl"键单击文字图层的缩览图调出其选区，效果如图 6.1.44 所示。

图 6.1.44　选区效果

(23) 扩展选区。执行"选区"|"修改"|"扩展"命令，在弹出的"扩展选区"对话框中将扩展值设置为 20 像素，设置完毕后单击"确定"按钮，得到的选区如图 6.1.45 所示。

图 6.1.45　扩展选区效果

(24) 选区转路径。切换到"路径"面板，单击将选区生成工作路径按钮，得到的工作路径效果如图 6.1.46 所示。

图 6.1.46　路径效果

(25) 创建图层。切换到"图层 5"图层，单击"图层"面板上创建新图层按钮，新建"图层 6"。

(26) 路径描边。将前景色设置为白色，选择"图层 6"，右键单击生成的工作路径，在弹出的菜单中选择"描边路径"命令，弹出"描边路径"对话框，选择描边类型为"画笔"，设置完毕后单击"确定"按钮，得到如图 6.1.47 所示的效果。

图 6.1.47　描边效果

(27) 设置"图层 6"样式。选择"图层 6"图层，单击"图层"面板上添加图层样式 *fx* 按钮，在弹出的菜单中选择"投影"与"斜面和浮雕"设置，效果如图 6.1.1 所示。

四、案例小结

通过本案例的学习，学会利用通道进行相关的一些操作，在选区修改方面学会灵活应用，另外通过本案例的学习，学会一些灵活画笔的定义。

五、实训练习

制作如图 6.1.48 所示的嵌套字与图 6.1.49 所示的文本编辑样式。

图 6.1.48　嵌套字

图 6.1.49　本文编辑样式

【案例2】 路径变形特效字

本案例的主要目的是利用文字层转换成路径，对转换的路径进行调整，生成一定形状的特效字。主要技术有输入文字、文字转换为形状、形状变形、路径组合、路径与选区的相互转换、填充、描边、图层样式的设置、自由变换等。

一、案例分析

图 6.2.1 所示为效果图。

图 6.2.1　效果图

在制作过程中主要注意以下几点。

(1) 在输入文字时，字体要适当，否则效果难体现。

(2) 在调整形状时，要选择路径选择工具。

(3) 在路径组合时，要选用适当的运算模式。

(4) 文字描边与填充的比例要协调。

二、技能知识

本案例主要介绍的技能知识有文字的转换、路径的运算等。

1. 文字的转换

在 Photoshop CS 中可以将输入的文字转化为工作路径或形状路径进行编辑，也可以将其进行像素化处理，即将输入的文字生成文字层直接转换为普通层。

1) 文字转化为工作路径

按住"Ctrl"键，单击"图层"面板中由输入文字而生成的文字层后，为输入的文字添加选择区域。

打开"路径"面板，单击控制面板右上角的按钮 ，在弹出的下拉菜单中选择"建立工作路径"命令，将弹出如图 6.2.2 所示的对话框。

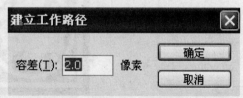

图 6.2.2　"建立工作路径"对话框

在对话框中设置适当的"容差"值，然后单击"确定"按钮即可将文字转化为工作路径。

2）文字层转化为普通层

在"图层"控制面板中的文字层上单击鼠标右键，在弹出的右键菜单中选择"栅格化图层"命令，或执行"图层"|"栅格化"|"图层"命令，即可将文字层转换为普通层。

2. 路径的运算

使用工具绘制得到的路径是封闭的，而不会出现镂空的效果，但利用路径运算可将简单的路径转换成为形状复杂的路径。

路径的运算是通过工具选项条上的 ▢▢▢▢ ▢ 组合 ▢ 按钮来实现的。这 4 个命令按钮的作用如下。

添加到路径区域▢：可使两条路径发生加运算，其结果是可向现有路径中添加新路径所定义区域。

从路径区域减去▢：可使两条路径发生减运算，其结果是可向现有路径中删除新路径与原路径的重叠区域。

交叉路径区域▢：可使两条路径发生交集运算，其结果是生成的新区域被定义为新路径与现有路径的交叉区域。

重叠路径区域除外▢：可使两条路径发生排除运算，其结果是生成的新区域被定义为新路径与现有路径的非重叠区域。

要使具有运算方式的路径间发生真正的运算，使路径锚点及线段发生变化，单击"组合"按钮，则 Photoshop 以路径间的运算方式定义新的路径。

图 6.2.3 为原来的两个路径，一个路径是一只飞鸽，一个路径是一朵花，若以"添加到路径区域"方式产生的新选区并填充，则步骤如下。

(1) 先选择工具箱中的路径选择工具 ▶，选择飞鸽的路径。

(2) 单击属性选项栏中的：添加到路径区域按钮▢。

(3) 单击"组合"按钮，则生成效果如图 6.2.4 所示。

(4) 单击"路径"面板下的将路径转换为选区按钮，则生成选区，填充效果如图 6.2.5 所示。

图 6.2.3　原路径　　　　图 6.2.4　组合后的效果　　　　图 6.2.5　填充后的效果

同样，对于图 6.2.6 中的两个路径进行相关的操作后的效果如图 6.2.7～图 6.2.9 所示。

图 6.2.6　两个路径样式　　　　图 6.2.7　从路径区域减去的效果

248

图 6.2.8　交叉路径区域的效果　　　　图 6.2.9　重叠路径区域以外的效果

通过上面的例子可以看出，在绘制路径时选择不同的选项，可以得到不同的路径效果。

如果当前已存在一条或几条路，在绘制下一条路径时，在工具选项条上单击 4 个路径运算按钮之一，即可在路径间产生相应的运算。

如果希望对已经绘制完成的若干条路径进行运算，可以使用路径选择工具选择绘制完成的路径，然后在工具选项条上单击路径运算按钮。

三、操作指南

(1) 新建文字层。新建一个 660×200 像素的文档，背景为白色。选择工具箱中的文字工具，写上文本，如果不太理想，可以用自由变形工具缩放，用移动工具移到文档正中，效果如图 6.2.10 所示。

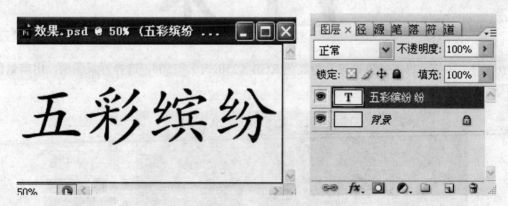

图 6.2.10　新建效果

(2) 文字转换为形状。选择文字图层，执行"图层"|"文字"|"转换为形状"命令，将文字转换为形状，效果如图 6.2.11 所示。

图 6.2.11　形状效果

(3) 形状变形。选择工具箱中的直接选择工具 ，选择生成的形状，对其进行变形，效果如图 6.2.12 所示。

(4) 变形效果。用直接选择工具将整个图像变形为如图 6.2.13 所示的效果。

图 6.2.12　形状变形　　　　　　　　　　　图 6.2.13　变形效果

(5) 路径组合。选择工具箱中的路径选择工具，选择变形的路径，点击其属性栏中的"添加到形状区域"按钮 ，然后单击"组合"按钮，则以上变形路径中的组合成一个整体，效果如图 6.2.14 所示。

图 6.2.14　组合效果

(6) 背景填充。将前景色设置为粉红色 RGB（250，10，250），选择背景图层，用前景色填充背景，效果如图 6.2.15 所示。

图 6.2.15　背景效果

(7) 路径转换成选区。切换到"路径"面板，点击"路径"面板下面的"将路径作为选区载入"按钮 ，得到如图 6.2.16 所示的效果。

图 6.2.16　选区效果

250

(8) 描边。切换到"图层"面板，选择文字图层，单击"图层"面板下方的新建图层按钮，新建"图层 1"，选择"图层 1"图层，执行"编辑"|"描边"命令，弹出描边对话框，设置效果如图 6.2.17 所示，单击"确定"后效果如图 6.2.18 所示。

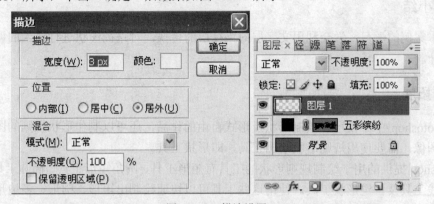

图 6.2.17　描边设置

图 6.2.18　描边效果

(9) 填充。选择工具箱中的渐变工具 ，选择色谱渐变，在"图层 1"上从左向右横向拖动鼠标进行填充，取消选区。效果如图 6.2.19 所示。

图 6.2.19　填充效果

(10) 图层样式设置。选择"图层 1"，执行"图层"|"图层样式"|"混合选项…"命令，对"图层 1"进行"投影"与"渐变描边"的设置，效果如图 6.2.20 所示。

图 6.2.20　图层样式效果

(11) 自由变换。选择"图层 1"图层，执行"编辑"|"自由变换"命令，将"图层 1"进行适当的变换，效果如图 6.2.1 所示。

四、案例小结

通过本案例的学习，学会利用文字层向路径层的转换，对路径形状进行适当的调整进行特效字的设计。

五、案例拓展

在 Photoshop 中不仅可以绘制形状及形式自由的作品，还可以制作形状规则的图像。要制作这样的图像，需要使用规则形状绘画工具，即形状工具。

Photoshop 提供的用于绘制规则形状的工具有矩形工具、圆角矩形工具、椭圆工具、多边形工具、直线工具及自定形状工具。使用这些工具可以快速绘制出矩形、圆形、多边形、直线及自定义的规则形状，如图 6.2.21 所示。

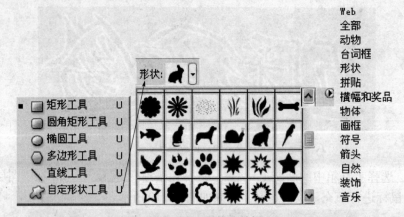

图 6.2.21　形状工具组

无论选择哪一种形状工具，工具选项条中都将显示如图 6.2.22 所示的属性选项栏。

图 6.2.22　形状工具选项属性栏

形状图层 □：创建一个形状图层。

工作路径 ▨：创建一条工作路径。

填充区域 □：在当前图层中创建一个填充了前景色的图像。

在工具选项条中单击填充区域按钮时，"模式"、"不透明度"及"消除锯齿"选项才被激活，在"模式"下拉列表中可以选择一种图形的混合模式，在"不透明度"框中可以设置绘画时的不透明度效果，勾选"消除锯齿"选项，可以消除图形的锯齿。

1) 规则形状绘制工具

规则开头绘制工具包括矩形、圆角矩形和椭圆 3 个工具，它们的选项基本相似，各选项的作用也基本相同。

选择上述任意一个形状工具后，单击绘制形状工具右侧的下三角按钮 ▼，弹出如图 6.2.23 所示的面板，在此可以根据需要设置相应的选项。

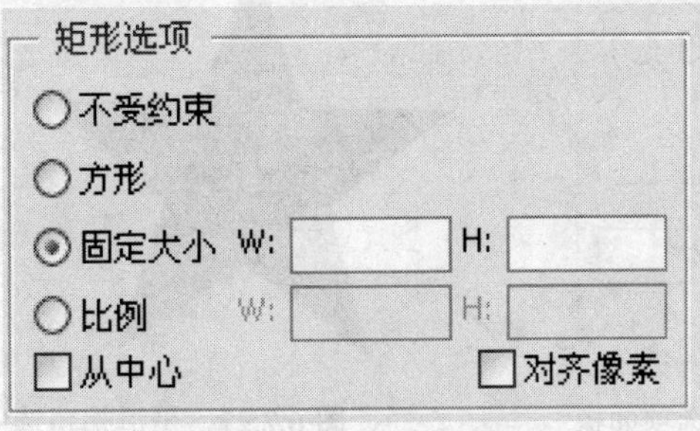

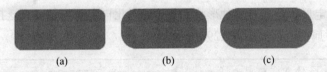

图 6.2.23　选项面板

不受约束：选择"不受约束"选项，可以任意绘制各种形状、路径和图形。

方形/圆形：在矩形和圆角矩形选项面板中选择"方形"选项，可以绘制正方形。在椭圆形选项面板中选择"圆"选项，可以绘制圆形。

固定大小：选择此选项后，可以在 W 和 H 数值输入框输入数值，以定义形状、图形的宽度与高度。

比例：选择此选项，可以在 W 和 H 数值输入框输入数值，定义形状、路径图形的宽度与高度比例值。

从中心：选中此复选框，可以从中心向外放射性地绘制形状、路径图形。

对齐像素：选中此选框，可以使矩形的边缘无混淆现象。

圆角矩形工具选项条中的"半径"选项用于设置圆角的半径值，数值越大圆角越大，效果如图 6.2.24 所示。

(a)　　　　　　　　(b)　　　　　　　　(c)

图 6.2.24　圆角半径大小效果对比

(a) 半径为 10；(b) 半径为 20；(c) 半径为 30。

2) 多边形工具

绘制多边形时可以根据需要设置多边形的边数，边数的范围是 3～100，还可以强制设置多边形的半径和星形效果，选择多边形工具后，工具选项条如图 6.2.25 所示。

○▾｜□ ◻ ▢ ◇ ▾ ○▾＼☆▾｜边:｜5｜模式:｜正常 ▾｜不透明度:｜100% ▸｜☑消除锯齿

图 6.2.25　多边形工具属性选项条

在"边"数值输入框中输入数值，可以确定多边形或星形的边数。单击形状工具右侧的下三角形按钮，弹出如图 6.2.26 所示的对话框。

半径：在该数值输入框中输入数值，可以定义多边形的半径值。

平滑拐角：选中此复选框，可以平滑多边形的拐角，未选中此复选框和选中此复选框时的效果如图 6.2.27 所示。

星形：选中此复选框可以绘制星形，并激活下面的两个选项，以控制星形的形状。

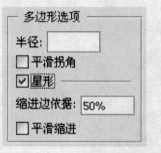

图 6.2.26　多边形选项面板

图 6.2.27　平滑拐角选中与未选中效果对比

缩进边依据：在此数值输入框中输入一个百分数，可以定义星形的缩进量，数值越大则星形的内缩边效果越明显，图 6.2.28 显示缩边值不同的效果。

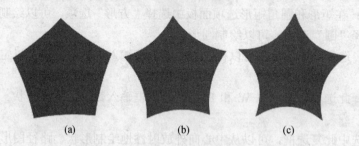

图 6.2.28　缩边大小不同效果对比
(a) 缩边 10%；(b) 缩边 30%；(c) 缩边 50%。

3) 自定形状工具

Photoshop 的自定形状是一个多种形状的集合，因此自定开头是一个泛指。选择自定形状工具 🖤 后，其工具栏属性选项如图 6.2.29 所示。

图 6.2.29　自定形状工具属性选项条

单击自定形状工具右侧的下三角形按钮，弹出如图"自定形状选项"对话框，单击工具栏中"形状"右侧的下三角形按钮，弹出"形状"面板对话框，效果如图 6.2.30 所示。

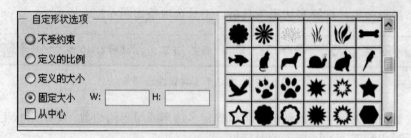

图 6.2.30　自定形状属性选项面板与形状面板

六、实训练习

制作如图 6.2.31 所示的燃烧字效果。

254

图 6.2.31 燃烧字

【案例 3】 爆炸特效字

本案例的主要目的是利用滤镜中扭曲的极坐标变换生成爆炸特效字。主要技术有文字输入、自由变换、曝光过渡、旋转画布、极坐标变换、风吹设置、色相/饱和度、柔光图层模式等。

一、案例分析

图 6.3.1 所示为效果图。

在制作过程中主要注意以下几点。

(1) 在输入文字时，文字的大小字体要适合，否则在后面的处理过程中会影响效果。

(2) 文字层复制后填充白色是为了后面操作的极坐标准备。

(3) 极坐标变换时要注意前后样式的选择。

(4) 在曝光过度后，要应用自动色阶，否则爆炸效果不明显。

图 6.3.1 效果图

(5) 色相/饱和度调整时，适当增加饱和度。

二、技能知识

本案例主要介绍的知识点是**图层混合模式：变亮**。

变亮模式与变暗模式正好相反，混合时取"混合色"与"基色"中较亮的颜色作为"结果色"，比"混合色"暗的像素被替换，比"混合色"亮的像素保持不变。在这种模式下，较淡的颜色区域在最终的"合成色"中占主要地位。较暗区域并不出现在最终"合成色"中。效果如图 6.3.2 所示。

图 6.3.2 正常模式与变亮模式的效果对比

三、操作指南

(1) 新建文字层。新建一个 400×400 像素的文档，背景为白色。选择工具箱中的文字工具，写上文本，如果不太理想，可以用自由变形工具缩放，用移动工具移到文档正中，效果如图 6.3.3 所示。

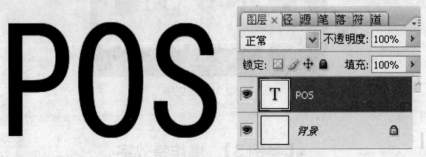

图 6.3.3　新建效果

(2) 栅格化文字。在"图层"面板中选中文字图层，点击右键选择"栅格化文字"菜单，将文字栅格化，效果如图 6.3.4 所示。

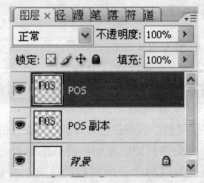

图 6.3.4　栅格化图层效果　　　　图 6.3.5　复制图层效果

(3) 复制图层。选择刚刚栅格化的文字图层，拖动它到"图层"面板下方的创建新图层按钮 上，生成新的文字副本图层，效果如图 6.3.5 所示。

(4) 填充图层。选择文字副本图层，执行"编辑"|"填充"命令，出现如图 6.3.6 所示的填充对话框，进行适当的参数填充。

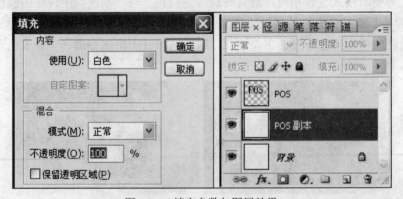

图 6.3.6　填充参数与图层效果

256

(5) 合并图层。按住"Shift"键，鼠标单击文字图层与文字副本图层，同时选中这两个图层，单击鼠标右键，选择"合并图层"菜单，执行"合并图层"命令，则文字图层与文字图层副本合并，效果如图 6.3.7 所示。

图 6.3.7　合并图层效果

(6) 高斯模糊。选择文字图层，执行菜单"滤镜"|"模糊"|"高斯模糊"命令，对文字图层进行高斯模糊，将模糊半径值设置为"2.1"，单击"确定"按钮，效果如图 6.3.8 所示。

图 6.3.8　高斯模糊效果

(7) 曝光过度。选择文字图层，执行菜单"滤镜"|"风格化"|"曝化过度"命令，将文字图层曝光，效果如图 6.3.9 所示。

图 6.3.9　曝光过度效果

(8) 自动色阶。选择文字图层，执行菜单"图像"|"调整"|"自动色阶"命令，效果如图 6.3.10 所示。

(9) 复制文字图层。选择文字图层，将文字图层拖到"图层"面板下方的创建新图层按钮 上，对文字图层进行复制，单击复制副本前的指示图标可视性按钮，将复制副本隐藏，效果如图 6.3.11 所示。

(10) 极坐标变换。选择文字图层，执行菜单"滤镜"|"扭曲"|"极坐标"命令，选择"从极坐标到平面"变换，效果如图 6.3.12 所示。

图 6.3.10 自动色阶效果

图 6.3.11 复制图层效果

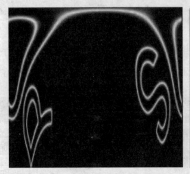

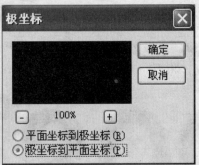

图 6.3.12 极坐标设置与效果

(11) 旋转画布。选择菜单"图像"|"旋转"|"顺时针 90°"命令，将图像顺时针旋转 90°，如图 6.3.13 所示。

(12) 反相。执行菜单"图像"|"调整"|"反相"命令，对图像实现反相调整，效果如图 6.3.14 所示。

(13) 风设置。执行菜单"滤镜"|"风格化"|"风"命令，利用风对图像进行吹风效果设置，重复风吹一次，效果如图 6.3.15 所示。

图 6.3.13 画布转 90°

图 6.3.14 反相效果

图 6.3.15 风吹效果

(14) 自动色阶。执行菜单"图像"|"调整"|"自动色阶"命令。

(15) 反相。执行菜单"图像"|"调整"|"反相"命令，效果如图 6.3.16 所示。

(16) 风吹设置。执行菜单"滤镜"|"风格化"|"风"命令，重复多吹几次风，效果如图 6.3.17 所示。

(17) 逆时针旋转。执行菜单"图像"|"画布旋转"|"逆时针 90°"命令，将画布逆时针转 90°。效果如图 6.3.18 所示。

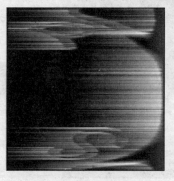

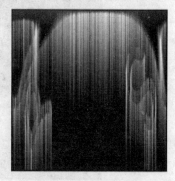

图 6.3.16 反相效果　　　　　图 6.3.17 风吹效果　　　　图 6.3.18 逆时针转 90°效果

(18) 极坐标变换。执行菜单"滤镜"|"扭曲"|"极坐标"命令，弹出极坐标对话框，在"极坐标"对话框中选择"从平面到极坐标"选项，效果如图 6.3.19 所示。

图 6.3.19　"极坐标"设置与效果

(19) 颜色调整。执行菜单"图像"|"调整"|"色相/饱和度"命令，弹出色相/饱和度的对话框，对图像颜色进行调整，效果如图 6.3.20 所示。

图 6.3.20　"色相/饱和度"参数与效果

(20) 图层模式设置。选择文字副本图层，将图层混合模式设置为"变亮"模式，再利用色相/饱和度调整颜色，最终效果如图 6.3.21 所示。

(21) 图层样式设置。选择"POS 副本"图层，单击"图层"面板下方的添加图层样式按钮 *fx*，在弹出菜单中选择渐变叠加命令，进行相关参数设置，设置效果如图 6.3.22 所示。

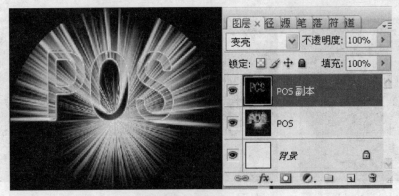

图 6.3.21　效果图

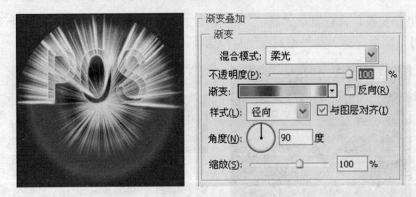

图 6.3.22　图层效果

四、案例小结

通过本案例的学习，学会运用滤镜中的极坐标与画布旋转等效果进行爆炸字特效的制作。

五、实训练习

利用本案例的方法制作如图 6.3.23 所示的发光字与霓虹字效果。

图 6.3.23　发光字与霓虹字效果图

【案例 4】　纺织特效字

本案例的主要目的是利用自定义的图案制作特效字。主要技术有定义图案、建立选区、选区运算、油漆桶填充、输入文字、模糊滤镜、图层样式等。

一、案例分析

图 6.4.1 所示为效果图。

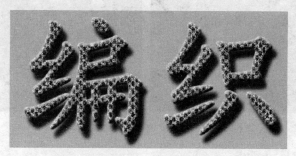

图 6.4.1　效果图

在制作过程中主要注意以下几点。

(1) 在输入文字时，文字的大小，字体要适合，否则在后面的处理过程中会影响效果。

(2) 在"字符"面板中注意运用"仿粗体"效果。

(3) 定义图案时，要注意矩形的大小比例。

(4) 定义图案的大小与要填充的字的大小有关，要根据实际情况及时调整。

(5) 在进行杂色添加时，要根据实际进行杂色大小的添加。

二、技能知识

本案例主要介绍的知识点是滤镜：纹理。

在"纹理"滤镜组中主要包括下面几种命令，利用这些命令可以制作多种特殊的纹理及材质效果。

1) 龟裂缝

使用"龟裂缝"命令可以在画面上形成许多的纹理，类似于粗糙的石膏表面绘画的效果，如图 6.4.2 所示。

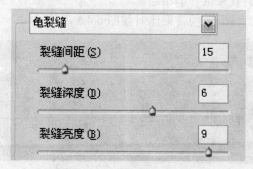

图 6.4.2　"龟裂缝"选项栏

参数调节如下。

裂缝间距：此选项决定画面中生成的裂纹大小，数值越大越明显。

裂缝深度：此选项决定画面中生成裂纹的深度。

裂缝亮度：此选项决定画面中生成裂纹的亮度。

使用该命令之后的画面与原图的效果对比如图 6.4.3 所示。

图 6.4.3　龟裂纹理原图与效果图对比

2) 颗粒

使"颗粒"命令可以利用颗粒使画面生成不同的纹理效果，当选择不同的颗粒类型时，画面所生成的纹理不同，如图 6.4.4 所示。

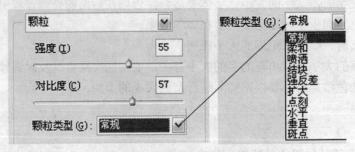

图 6.4.4　"颗粒"选项栏

调节参数如下。

强度：此选项决定画面中添加纹理的数量和强度。

对比度：此选项决定添加到画面中的颗粒的明暗对比度，数值越大，对比度越强。

颗粒类型：在此选项右侧的下拉列表中可以任意选择一种所要添加的颗粒类型，选择不同的颗粒类型在画面中生成的效果也各不相同。

使用该命令之后的画面与原图的效果比对如图 6.4.5 所示。

图 6.4.5　颗粒纹理原图与效果图对比

3) 马赛克拼贴

使用"马赛克拼贴"命令可以将画面分割成若干形状的小块，并在小块之间增加深色的缝隙，如图 6.4.6 所示。

调节参数如下。

拼贴大小：此选项决定画面中生成块状图形大小。

图 6.4.6 "马赛克拼贴" 选项栏

缝隙宽度：此选项决定画面中生成块状图形之间的宽度大小。

加亮缝隙：此选项决定画面中生成的块状图形之间的缝隙亮度。

使用该命令之后的画面与原图的效果对比如图 6.4.7 所示。

图 6.4.7 马赛克纹理原图与效果图对比

4）拼缀图

使用"拼缀图"命令可以将图像分为若干的小方块，如同现实中的瓷砖。其中生成的小方块颜色是用该区域中最亮的颜色填充，方块与方块之间有深色的缝隙，可以对这些缝隙进行宽度的调整，如图 6.4.8 所示。

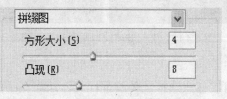

图 6.4.8 "拼缀图" 选项栏

调节参数如下。

方形大小：此选项决定画面中生成的方块的大小，数值越大，特定区域中的方块数量越小。

凸现：此选项画面中生成方块的凸现程度，数值越大，凸现越强烈。

使用该命令之后的画面与原图的效果对比如图 6.4.9 所示。

图 6.4.9 拼缀图纹理原图与效果图对比

5) 染色玻璃

使用"染色玻璃"命令可以在画面中生成玻璃的模拟效果，生成玻璃块之间的缝隙将用前景色进行填充，图像中的多个细节将会随玻璃的生成而消失，如图 6.4.10 所示。

图 6.4.10　"染色玻璃"选项栏

调节参数如下。

单元格大小：此选项决定生成每块玻璃的大小。

边框粗细：此选项决定生成每块玻璃之间的缝隙的大小。

光照强度：此选项决定生成每块玻璃之间的缝隙的亮度。

使用该命令之后的画面与原图的效果对比如图 6.4.11 所示。

图 6.4.11　染色玻璃纹理原图与效果图对比

6) 纹理化

使用"纹理化"命令可以任意选择一种纹理样式，从而在画面中生成一种纹理效果。

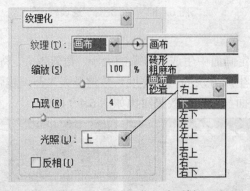

图 6.4.12　"纹理化"选项栏

调节参数如下。

纹理：在此选项右侧的列表中可以任意选择一种纹理样式对图像进行填充。

缩放：此选项决定画面中添加纹理的缩放比例。

凸现：此选项决定纹理的凸现程度。

光照：此选项决定使用光线的照射方向。

反相：当选中此复选框时，光线的照射方向将会反相照射。

使用该命令之后的画面与原图的效果对比如图 6.4.13 所示。

图 6.4.13 龟裂纹理原图与效果图对比

三、操作指南

(1) 新建文件。执行"新建"|"文件"命令，新建一个图像文件，设置其宽度和高度均为 100 像素。选择工具箱中的矩形工具，在其属性选项栏中，设置"样式"为"固定大小"，固定矩形的宽为 100 像素，高为 40 像素。

(2) 新建"图层 1"。切换到"图层"面板，单击"图层"面板中新建图层按钮，新建"图层 1"，在"图层 1"上建立大小为 100×40 像素的矩形，效果如图 6.4.14 所示。

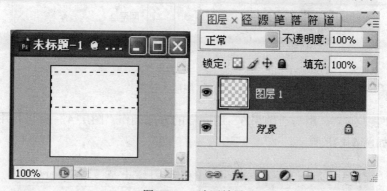

图 6.4.14 选区效果

(3) 填充。设置前景色为紫红色 RGB (242，156，242)，选择工具箱中的油漆桶工具，用前景色在"图层 1"上进行填充，效果如图 6.4.15 所示。

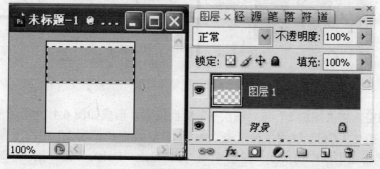

图 6.4.15 图层 1 效果

(4) 新建"图层 2"。切换到"图层"面板，单击"图层"面板中新建图层按钮🖻，新建"图层 2"，用同样的方法在"图层 2"上填充另一个紫红色方块，效果如图 6.4.16 所示。

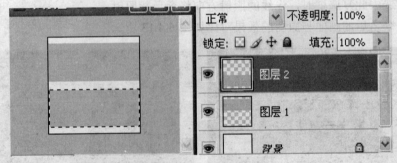

图 6.4.16　图层 2 效果

(5) 新建"图层 3"。选择工具箱中矩形工具🔲，把矩形工具的宽、高尺寸倒过来高为 100 像素,宽为 40 像素，画出垂直矩形，选择工具箱中的油漆桶工具🪣用深紫红色 RGB (60，150，6)对垂直矩形进行填充，效果如图 6.4.17 所示。

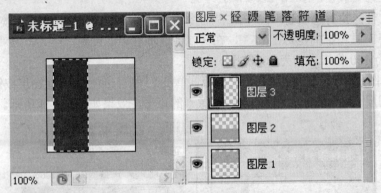

图 6.4.17　图层 3 效果

(6) 新建"图层 4"。用与"图层 3"用同样的方法制作"图层 4"，并进行用深紫色填充矩形方块，效果如图 6.4.18 所示。

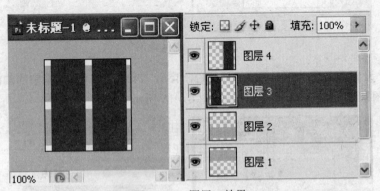

图 6.4.18　图层 4 效果

(7) 位置调整。将"图层 2"与"图层 3"交换位置，形成如图 6.4.19 所示的效果。

(8) 删除。按住"Ctrl"键用鼠标单击"图层 1"，这时"图层 1"中的图像被选中形成矩形的选区，将当前图层操作切换到"图层 4"，按键盘上"Delete"键，把 4 个矩形排列成相互交叠，如"井"字形，效果如图 6.4.20 所示。

266

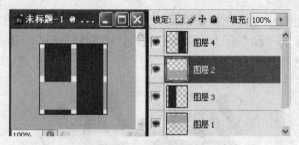

图 6.4.19　调整位置效果

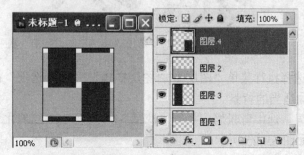

图 6.4.20　井字效果

(9) 合并图层。按"图层"面板右上角的小三角 ，选择合并图层命令，合并 4 个矩形图层。

(10) 改变图像尺寸。选择执行"图像"|"图像大小…"命令，把图形缩小为大小为 10 个像素的图像。

(11) 字义图案。单击"Ctrl+A"键，选择全部图形，选择执行"编辑"|"定义图像…"命令，把图像定义成图案。

(12) 新建图像文档。执行菜单中的"文件"|"新建"命令，在弹出的对话框中设置一大小为 400×300 像素，白色背景模式为 RGB 模式的图像。

(13) 输入文字。选择工具箱中的文字工具，选择"横排文字"工具，向图像中输入文字"编织"选择字体为"楷体_GB2312"，大小为"180 像素"在"字符"面板中选中"仿粗体"，效果如图 6.4.21 所示。

图 6.4.21　文字效果

(14) 填充。按"Ctrl"键单击文字图层选取文字，单击"图层"面板下方的创建新图层按钮，新建"图层 1"图层，选择工具箱中的油漆桶工具，将其属性栏调整为"图案"填充，选择上面刚定义的图案，用油漆桶在"图层 1"上填充图案，效果如图 6.4.22 所示。

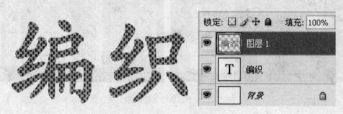

图 6.4.22　填充效果

(15) 设置整体的粗糙效果。选择滤镜菜单"滤镜"|"杂色"|"添加杂色"加入杂点，在对话框中设置杂点数量为"40"，为"高斯分布"、"均匀分布"，单击"确定"按钮，达到加强整体粗糙效果，效果如图 6.4.23 所示。

图 6.4.23　杂色效果

(16) 阴影效果。选择执行菜单"图层"|"图层样式"|"混合选项"命令，对文字设置投影与浮雕效果，现添加适当的背景。

(17) 设置背景效果。选中背景层，执行"滤镜"|"纹理"|"纹理化"菜单，参数调整如图 6.4.24 所示，效果如图 6.4.25 所示。

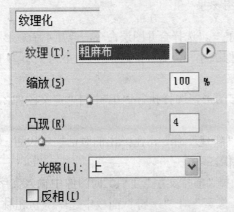
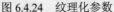

图 6.4.24　纹理化参数

图 6.4.25　背景效果图

四、案例小结

通过本案例学习，学会使用自己定义的图案进行一些特效字的设置。

五、实训练习

设计如图 6.4.26 所示的图案字与钻石特效字。

图 6.4.26　效果图

第7章 Photoshop CS3 综合案例

| 学习要点 |

　　本章的主要目的是通过学习综合案例的制作学习，扩展读者的视野，打开设计的思维，使设计的案例更加美观而有特色。

【案例1】 绘制户型图

　　近几年，由于房地产开发非常火爆，在各种房产发布会、楼盘展示会上开发商都以精美的印刷宣传品作为最强的推销手段。户型图（家装平面渲染图）的表现形式也由简单的框架变成真实的材质与家具模块的应用。本案例以某户型图为例，讲解户型图（家装平面渲染图）的绘制方法。

一、案例分析

　　图 7.1.1 所示为户型图，图 7.1.2 所示为户型效果图。

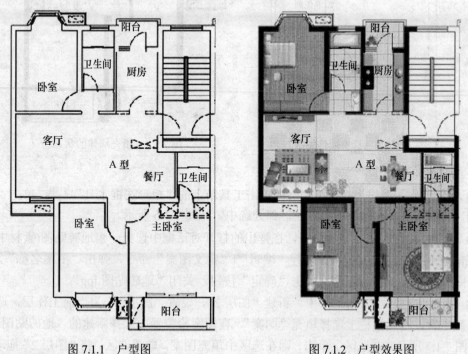

图 7.1.1　户型图　　　　　　　　图 7.1.2　户型效果图

　　在本案例的制作过程中，主要注意以下几个环节。

(1) 多选区的选择（添加到选区）。

(2) 定义图案、填充图案。

(3) 自由变形。

二、操作指南

1) 绘制墙体

(1) 执行"文件"|"打开"命令，在弹出的"打开"对话框中选择一幅家装平面图纸(素材中的"户型图.psd")，另存为"户型效果图.psd"。

(2) 单击工具箱中的"魔棒"工具，单击"添加到选区"选项，将图纸中的墙体全部选中。如图 7.1.3 所示。

(3) 新建"图层 1"，设置前景色为黑色(0，0，0)，按"Alt+Delete"填充，填充后的效果如图 7.1.4 所示，取消选区。

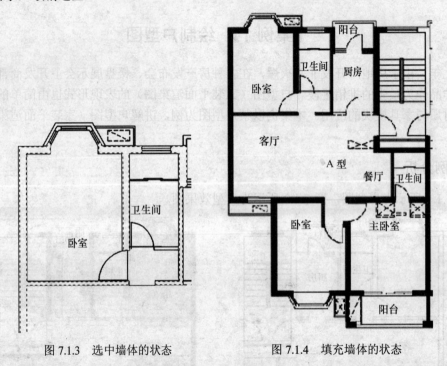

图 7.1.3　选中墙体的状态　　　　图 7.1.4　填充墙体的状态

2) 绘制地面

(1) 设置"底图"层为当前工作层，单击工具箱上的"矩形选框工具"，单击"添加到选区"选项，将"客厅"和"餐厅"部分选中。如图 7.1.5 所示。

(2) 执行"文件"|"打开"命令，在弹出的打开对话框中选择一幅地砖贴图(素材中的"地砖贴图.jpg")，如图 7.1.6 所示。执行"编辑"|"定义图案"命令，弹出"图案名称"对话框，将"名称"命名为"地砖贴图"，单击"确定"按钮，关闭"地砖贴图.jpg"。

(3) 回到"户型效果图.psd"中，新建"图层 2"，设置"图层 2"为当前工作层，选择"油漆桶"工具，在属性栏上选择填充"图案"，在图案拾色器中选择新建的"地砖贴图"图案，设置如图 7.1.7 所示。在选区上单击，则在选区中填充图案，取消选区。将"图层 2"拖动到"底图"层的下面。填充效果如图 7.1.8 所示。

(4) 利用"矩形选框工具"和"魔棒"工具相组合，将 3 个卧室的选区选中，如图 7.1.9 所示。

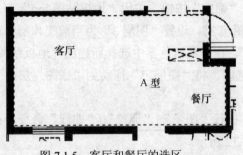

图 7.1.5　客厅和餐厅的选区

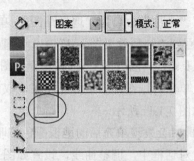

图 7.1.7　设置油漆桶参数

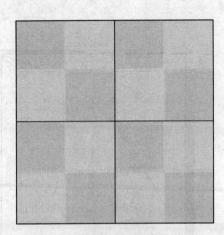

图 7.1.6　地砖贴图

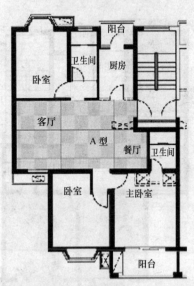

图 7.1.8　客厅和餐厅绘制地面

(5) 执行"文件"|"打开"命令，在弹出的"打开"对话框中选择一幅地板贴图(素材中的"地板贴图.jpg")，如图 7.1.10 所示。执行"编辑"|"定义图案"命令，弹出"图案名称"对

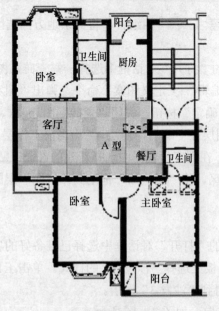

图 7.1.9　卧室选中状态

图 7.1.10　地板贴图

话框，将"名称"命名为"地板贴图"。单击"确定"按钮。关闭"地板贴图.jpg"。

(6) 回到"户型效果图.psd"中，新建"图层3"，设置"图层3"为当前工作层，选择"油漆桶"工具 🪣，在属性栏上选择填充"图案"，在图案拾色器中选择新建的"地板贴图"图案，在选区上单击，则在选区中填充图案，取消选区。将"图层3"拖动到"底图"层的下面。填充效果如图7.1.11所示。

(7) 此时会发现填充后的地板颜色偏暗，执行"图像"|"调整"|"曲线"命令，在弹出的"曲线"对话框中，调整曲线，设置如图7.1.12所示。

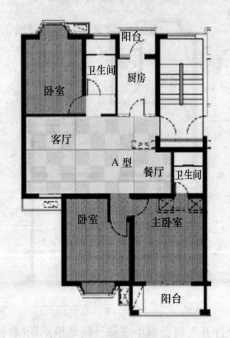

图 7.1.11　绘制卧室地板图

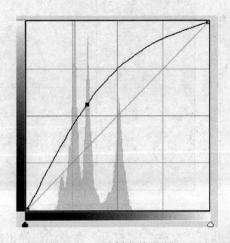

图 7.1.12　地板曲线设置

(8) 利用"矩形选框工具" ⬚ 和多边形套索工具 ⬠ 相组合，将其余地方的选区选中，如图7.1.13所示。

(9) 执行"文件"|"打开"命令，在弹出的"打开"对话框中选择一幅瓷砖贴图(素材中的"瓷砖贴图.jpg")，如图7.1.14所示。执行"编辑"|"定义图案"命令，弹出"图案名称"对话框，将"名称"命名为"瓷砖贴图"，单击"确定"按钮。关闭"瓷砖贴图.jpg"。

(10) 回到"户型效果图.psd"中，新建"图层4"，设置"图层4"为当前工作层，选择"油漆桶"工具 🪣，在属性栏上选择填充"图案"，在图案拾色器中选择新建的"瓷砖贴图"图案，在选区上单击，则在选区中填充图案，取消选区。将"图层4"拖动到"底图"层的下面。填充效果如图7.1.15所示。

3) 常用家具的放置

(1) 执行"文件"|"打开"命令，在弹出的"打开"对话框中选择已准备好的各种家具元素(素材中的"家具设计素材.psd")，在图层面板上选择"沙发3"的样式。单击工具箱的"移动"工具 ➤，将沙发3拖到户型效果图中，得到"沙发3"图层。

(2) 按"Ctrl+T"来调整沙发的尺寸和和方向，如图7.1.16所示。

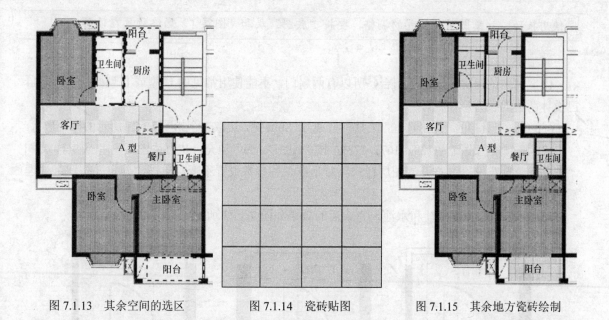

图 7.1.13　其余空间的选区　　　　图 7.1.14　瓷砖贴图　　　　图 7.1.15　其余地方瓷砖绘制

使用技巧： 如果素材的颜色与文件整体色调不符，可以执行"图像"|"调整"|"色彩平衡"命令来调整其色调。

（3）同样的方法，找到一款适合的电视柜、床、柜、浴缸、马桶、面池、餐桌等图案，摆放到相应的位置。具体图案和颜色可由读者根据喜好自由选择。参考样图如图 7.1.17～图 7.1.20 所示。

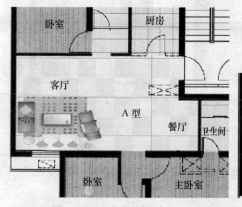

图 7.1.16　沙发的摆放

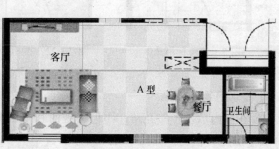

图 7.1.17　客厅餐厅图

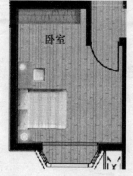

图 7.1.18　南向小卧室图

图 7.1.19　主卧室图

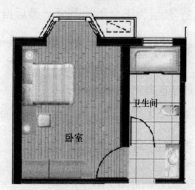

图 7.1.20　北向小卧室图

4) 厨房的布置

本案例中的厨房由于连北阳台，所以有两扇门，不能使用常见的U型或L型橱柜，只能自己设计两边的长方形橱柜。

(1) 单击工具箱的"矩形选框"工具 [ ]，配合Shift键，选取一个如图7.1.21所示的橱柜形状。

(2) 将前景色设置为(128，167，173)，按"Alt+Delete"填充。执行"图层"|"图层样式"|"斜面和浮雕"命令，打开"图层样式"对话框，各参数设置不变，单击"确定"按钮。处理后的效果如图7.1.22所示。

(3) 为橱柜添加煤气灶和水池，完成后的效果如图7.1.23所示。

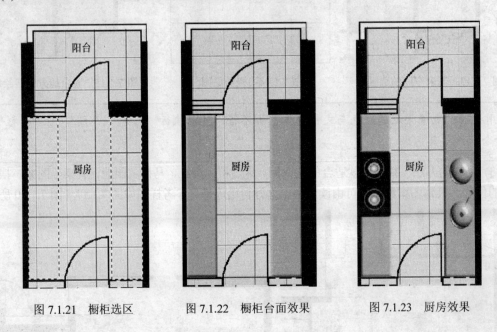

图7.1.21 橱柜选区   图7.1.22 橱柜台面效果   图7.1.23 厨房效果

5) 添加植物和茶桌

(1) 在室内放上一些花草，不但美观而且可以净化空气，打开"家具设计素材.psd"文件，选择其中的几种植物，如图7.1.24所示。

(2) 使用移动工具 ，将选中的植物拖动到户型图中，并调整其尺寸。

(3) 最后为阳台添加茶桌。最后得到如图7.1.25所示的效果。

三、案例小结

通过本案例的学习，学习了制作绘制户型图的过程。户型图的绘制在建筑表现中是较简单的一部分，主要是通过加入各种素材和填充各种材质向购房者展示房子大体的布局。

四、实训练习

完成另一半B户型的绘制。

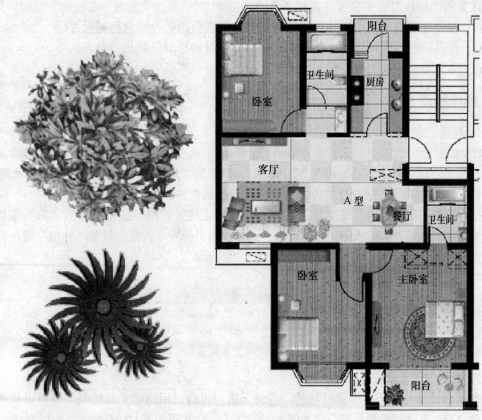

图 7.1.24 植物图   图 7.1.25 户型图最终效果

【案例2】 卡通台历设计

本案例进行了一张卡通台历的设计，讲解了如何设计台历模板和利用蒙版将照片放到台历中的方法。主要技术有蒙版的使用，自由变形。

一、案例分析

图 7.2.1 所示为台历效果图。

图 7.2.1 台历效果图

在案例的操作过程中主要注意以下几点。

(1) 在设计时考虑使用何种规格的台历架，根据台历架设计台历的尺寸。

(2) 在设计时考虑每月台历的色彩、风格与当时的季节气候相结合。

(3) 注意素材的选取与搭配。

二、操作指南

1) 新建图像

(1) 根据台历的大小，选择宽 24cm，高 14cm 的尺寸。执行"文件"|"新建"命令，在弹出的"新建"对话框中创建宽度为"24 厘米"，高度为"14 厘米"，分辨率为"300 像素/英寸"，颜色模式为"RGB 颜色"，背景内容为"白色"的新文件。

(2) 单击工具箱上的渐变工具█，单击属性栏上的线性渐变按钮█，在"渐变编辑器"对话框窗口中设置渐变颜色如图 7.2.2 所示，然后单击"确定"按钮。按住"Shift"键在背景层上垂直拖曳，填充设置的渐变色。保存文件为"7 月.psd"。

(20,146,186)　　　　(0.169.222)　　　　(138,211,235)

图 7.2.2　"渐变编辑器"对话框

2) 插入卡通元素

本案例设计的台历是卡通风格的，各种元素可以自己用钢笔工具绘制，也可以从网络上下载相关资源，再进行参数设置。在本例中，提供了一些常用的素材，存放在"台历制作元素.psd"文件中，请读者根据需要进行选择使用。

(1) 执行"文件"|"打开"命令，弹出"打开"对话框，选择需要的素材(台历制作元素.psd)，单击"打开"按钮，打开图片文件。

(2) 在"台历制作元素.psd"文件中，单击图层面板，选择"自然"—"天空"—"月亮"图层，执行"复制"、"粘贴"命令将"月亮"图案复制到"7 月.psd"中，得到"月亮"图层，拖动到画面的左上角。选择素材图中的"人物"—"小女孩"图层，执行"复制"、"粘贴"命令将"小女孩"图案复制到"7 月.psd"中，得到"小女孩"图层，将小女孩图案拖动到左上角的月亮上。选择素材图中的"宇宙"—"星座"层，复制粘贴到"7 月.psd"中，拖动到画面的上方，得到"星座"图层。选择素材图中的"自然"—"天空"—"云朵"层，复制粘贴到"7 月.psd"中，拖动到画面的下方，得到"云朵"图层。位置如图 7.2.3(a)～(d)所示。

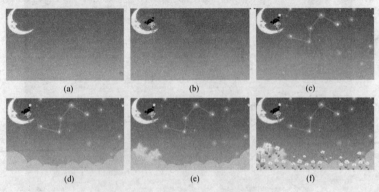

(a)　　　　　　　(b)　　　　　　　(c)

(d)　　　　　　　(e)　　　　　　　(f)

图 7.2.3　各元素位置摆放效果

(3) 选择素材图中的"自然"—"天空"—"黄色星星 1"图层，执行复制、粘贴命令将"黄色星星 1"图案复制到"7 月.psd"中，拖动到画面的左下方云朵旁边，得到"黄色星星 1"图层。将"黄色星星 1"图层复制两次，得到"黄色星星副本"图层和"黄色星星副本 2"图层。按"Ctrl+T"键，调整星星的大小和角度，如图 7.2.3(e)所示。

(4) 选择素材图中的"自然"—"植物"—"小花"图层，执行"复制"、"粘贴"命令将"小花"图案复制到"7 月.psd"中，拖动到画面的星星的旁边，得到"小花"图层。多次复制"小花"层，按"Ctrl+T"键，调整小花的大小和角度，得到如图 7.2.3(f)所示的效果。

> 使用技巧：因小花的数量较多，可先复制几朵小花形成一束，再将这几层合并，将合并后的图层进行复制。

3) 设计月历

选择素材图中的"月历"—"7 月"图层，执行"复制"、"粘贴"命令将"7 月"的日期图案复制到"7 月.psd"中，拖动到画面的右上角，得到"7 月"图层。得到如图 7.2.4 所示的效果。各元素图层排列位置如图 7.2.5 所示。

图 7.2.4　月历摆放位置

4) 设计照片相框

(1) 执行"文件"|"打开"命令，弹出"打开"对话框，选择需要的素材(椭圆相框.jpg)，单击"打开"按钮，打开图片文件。

(2) 选择"椭圆相框"文件，单击工具箱中的移动工具，拖动相框图像到"7 月"中，在"7 月"中生成新的"图层 1"，将"图层 1"拖动到月亮和月历之间的位置。

(3) 单击工具箱上的魔棒工具　，在魔棒工具的属性选择栏中将"□ 连续"选项不选，选择"图层 1"为当前编辑层，用魔棒单击白色区域，则"图层 1"的背景区域被选中。按"Delete"键删除选区中的图像，取消选区。

(4) 执行"编辑"|
"自由变换"命令，调整相框的大小，效果如图 7.2.6 所示。

(5) 用与步骤(2)～(4)相同的方法，在台历中设计"向日葵相框"，最后效果如图 7.2.7 所示。这样台历的模板就完成了，保存文件"7 月.psd"。

5) 添加照片

(1) 执行"文件"|"打开"命令，打开刚才设计的台历模板文件"7 月.psd"。

(2) 在实际操作中要提前准备好想要放入台历的照片。执行"文件"|"打开"命令，打开素材中的"fei1.jpg"，执行"复制"、"粘贴"命令将小女孩的照片复制到"7 月.psd"中，得到

图 7.2.5　图层面板

图 7.2.6　椭圆相框的位置

图 7.2.7　向日葵相框的位置

"图层 3"，将"图层 3"拖动到最顶层。

(3) 按"Ctrl+T"键调整照片的大小到合适的位置。

> 使用技巧：因为照片比较大，遮住了后面的相框。可将照片所在图层的不透明度降低，将照片变透明，这样可以透过照片看到下层相框的大小和位置。(注意，在按"Ctrl+T"键进行调整大小时，要按住"Shift"键，这样才能保证等比缩放，以免人物变形。)

(4) 设置当前工作图层为"椭圆相框"所在的图层 1，隐藏"图层 3"，单击工具箱上的磁性套索工具 ，建立如图 7.2.8 的相框内侧的选区。

(5) 保持选区选中状态，单击"图层"面板上"图层 3"前的"眼睛"，显示"图层 3"，单击"图层 3"为当前工作层，单击"图层"面板底部的添加图层蒙版按钮 。即可在照片上截得与选区形状相同的画面。最后将照片图层的不透明度恢复到 100%，得到如图 7.2.9 所示的效果。

图 7.2.8　相框内侧的选区

图 7.2.9　添加蒙版效果

(6) 用与步骤(2)～(5)相同的方法，打开"fei3.jpg"，完成"向日葵相框"处照片的添加，最终效果如图 7.2.10 所示。

图 7.2.10　台历完成效果图

三、案例小结

通过本案例的学习，学习了如何结合各种素材制作一张台历模板的过程，并掌握了将照片放到模板中的步骤，这样就可以自己进行台历 DIY 了。

四、实训练习

利用给定的素材文件"台历制作元素.psd"和各种相框素材，完成其他月份台历的制作。

【案例3】　茶叶包装盒设计

本案例以碧螺春茶叶包装盒为例，讲解设计包装盒的一般过程，分别为设计主展面及制作立体效果图。主要技术有图层混合模式：正片叠底、变亮、柔光；图层样式：投影、外发光、斜面和浮雕，参考线的设置，定义新图案，填充图案，透视操作。

一、案例分析

图 7.3.1 所示为茶叶盒包装主展面，图 7.3.2 所示为茶叶盒包装立体效果。

图 7.3.1　茶叶盒包装主展面

图 7.3.2　茶叶盒包装立体效果

在案例的操作过程中主要注意以下几点。

(1) 包装盒一般都有 6 个面，通常需要设计 5 个面(有的包装盒底面可以不需要印刷内容)，其中最能吸引消费者视线、起决定作用的是主展面。

(2) 在商场橱窗中主展面总是出现在面对消费者的一面，以商品名称、商标、商品形象、生产厂家等内容为主要安排，让消费者一目了然。

(3) 在包装设计中，主展面主要起着广告宣传的作用。

二、操作指南

本案例主要介绍设计主展面和设计包装盒立体效果图。

1. 设计主展面

1) 新建图像

(1) 根据实际包装的大小(考虑到里面的内胆和茶叶铁盒的大小)，选择宽 28cm，高 21cm 的尺寸。执行"文件"|"新建"命令，在弹出的"新建"对话框中创建宽度为"28 厘米"，高度为"21 厘米"，分辨率为"300 像素/英寸"，颜色模式为"RGB 颜色"，背景内容为"白色"的新文件。

(2) 设置前景色为绿色 RGB(50，159，58)，按"Alt+Delete"键填充，保存为"茶叶盒包装主展面.psd"。

2) 添加纹理

(1) 新建"图层 1"，执行"文件"|"打开"命令，弹出"打开"对话框，选择需要的素材文件(纹理.jpg)，单击"打开"按钮，打开图片文件。

(2) 单击矩形选框工具□，按住"Shift"键，在纹理图中建立一个选区。执行"编辑"|"定义图案"命令，弹出"图案名称"对话框，将"名称"命名为"纹理 1"。

(3) 关闭"纹理.jpg"。回到"茶叶盒包装主展面.psd"中，选择"油漆桶"工具，在属性栏上选择填充"图案"，在图案拾色器中选择新建的"纹理 1"图案，设置如图 7.3.3 所示。在画布中单击，填充整个画布。

(4) 设置"图层 1"的图层混合模式为"正片叠底"。制作效果如图 7.3.4 所示。让包装盒外表面更有质感。

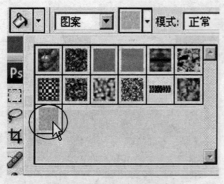

图 7.3.3　设置油漆桶参数

图 7.3.4　包装盒底纹

3) 设置参考线

执行"视图"|"标尺"命令，则在图像上出现标尺，执行"视图"|"新建参考线"命令，弹出"新建参考线"对话框，分别在水平方向 4cm、17cm，垂直方面 4cm、24cm 处设置参考

线，如图 7.3.5 所示。设置完成如图 7.3.6 所示效果。

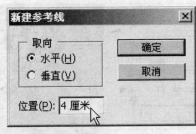

图 7.3.5　新建参考线

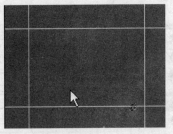

图 7.3.6　4 条参考线

4) 设计边框花纹

(1) 执行"文件"|"打开"命令，弹出"打开"对话框，选择需要的素材文件(纹理 2.psd)，单击"打开"按钮，打开图片文件。

(2) 单击矩形选框工具 ，按住"Shift"键，在纹理 2 图中建立一个选区。执行"编辑"|"定义图案"命令，弹出"图案名称"对话框，将"名称"命名为"纹理 2"。

(3) 关闭"纹理 2.psd"。回到"茶叶盒包装主展面.psd"中，新建"图层 2"，选择工具箱上的矩形选框工具 ，在画面顶端到第一条水平参考线的区间绘制一个矩形选区。填充颜色(7，154，24)。

(4) 保持选区选中状态，选择油漆桶工具 ，在属性栏上选择填充"图案"，在图案拾色器中选择新建的"纹理 2"图案，在选区中单击，填充整个选区。

(5) 复制"图层 2"，得到"图层 2 副本"，在"图层 2 副本"中将花纹边框拖动到画面下方。效果如图 7.3.7 所示。

图 7.3.7　边框花纹

5) 设计中心图案

(1) 执行"文件"|"打开"命令，弹出打开对话框，选择需要的素材文件(花纹 1.psd)，单击"打开"按钮，打开图片文件。将图层 1 的茶叶图案复制到"茶叶盒包装主展面.psd"中，将茶叶图案拖动到画面的正中间位置，得到"图层 3"。

(2) 在图层面板上双击"图层 3"，打开"图层样式"对话框，选择"外发光"样式，设置"外发光"的颜色为白色(255，255，255)，其他参数设置参数如图 7.3.8 所示，得到右图的效果。

6) 设计广告语

(1) 执行"文件"|"打开"命令，弹出"打开"对话框，选择需要的素材(龙纹.psd)，单击"打开"按钮，打开图片文件。将龙纹图的图层 1 复制到"茶叶包装盒主展面"图中，得到"图层 4"。执行"图像"|"调整"|"色相/饱和度"命令，弹出"色相/饱和度"对话框，参数设置如图 7.3.9 所示。

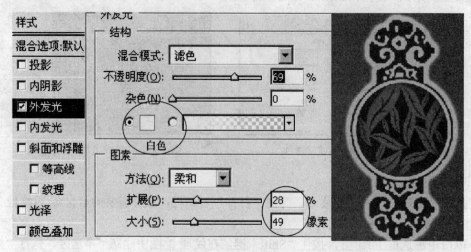

图 7.3.8 中心图案图层样式

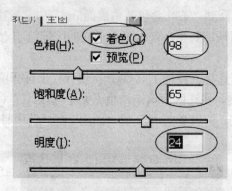

图 7.3.9 "色相/饱和度"参数设置

(2) 选择工具箱中文字工具中的直排文字工具，设置前景色为(166，248，176)，在字体属性栏上设置各项参数如图 7.3.10 所示：输入文字"洞庭碧螺春茶香百里醉"。均匀排列在龙纹图案的两侧，效果如图 7.3.11 所示。

(3) 选择工具箱中文字工具中的直排文字工具，前景色不变，在字体属性栏上设置各项参数如图 7.3.12 所示：输入文字"碧螺春"。

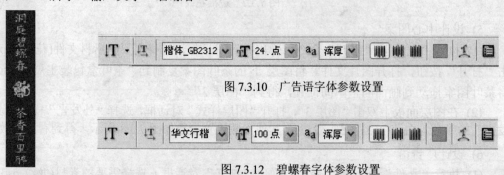

图 7.3.10 广告语字体参数设置

图 7.3.12 碧螺春字体参数设置

图 7.3.11 广告语位置

(4) 双击"碧螺春"所在的文字层，弹出"图层样式"对话框，设置"投影"和"斜面和浮雕"样式，参数设置如图 7.3.13 所示，得到的文字效果如图 7.3.14 所示。

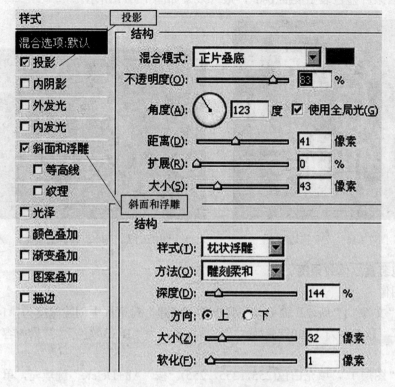

图7.3.13　文字图层样式设置

(5) 选择工具箱中文字工具中的直排文字工具 ，设置前景色为(166，248，176)，执行"窗口"|"文字"命令，打开"文字"控制面板，参数设置如图7.3.15所示：输入文字"洞庭名茶"，移动到碧螺春的右下角。

(6) 新建"图层5"，单击矩形选框工具 ，绘制一个矩形选区，将文字"洞庭名茶"包围，执行"选择"|"修改"|"羽化"命令，弹出"羽化选区"对话框，设置羽化值为5。执行"编辑"|"描边"命令，弹出"描边"对话框，设置描边宽度为3像素，颜色为(166，248，176)，其他参数默认，对选区进行描边。效果如图7.3.16所示。

图7.3.14　效果图

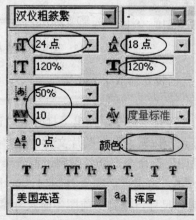

图7.3.15　设置文字参数

283

(7) 保存"茶叶盒包装主展面.psd",最终效果如图 7.3.17 所示。

图 7.3.16　文字描边效果　　　　　　　　图 7.3.17　茶叶包装盒主展面

2. 设计包装盒立体效果图

1) 新建图像

(1) 执行"文件"|"新建"命令,在弹出的"新建"对话框中创建宽度为"14厘米",高度为"10.5厘米",分辨率为"300像素/英寸",颜色模式为"RGB颜色",背景内容为"白色"的新文件。

(2) 新建"图层 1",填充白色(255,255,255)。按"Alt+Delete"键填充,单击图层面板下方的添加图层样式按钮 ƒx,选择"渐变叠加"样式,打开"图层样式"对话框。参数设置如图 7.3.18 所示。

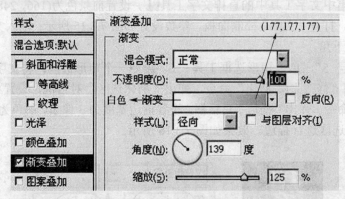

图 7.3.18　图层 1 渐变叠加

(3) 保存为"茶叶盒包装立体效果.psd"。

2) 透视包装盒

(1) 执行"文件"|"打开"命令,弹出"打开"对话框,选择需要的素材文件(茶叶盒包装主展面.psd),单击"打开"按钮,打开图片文件。在"图层面板"上单击右键,在弹出的快捷菜单上选择"合并可见图层"命令,合并得到"背景"图层。

(2) 单击移动工具 ,将主展面图案复制到"茶叶盒包装立体效果.psd"图中,生成"图层 2"。因为主展面为实际尺寸,拖到当前图中时尺寸偏大,将图层 2 按比例缩放为"35%"。

(3) 按"Ctrl+T"添加自由变形框,然后按住"Ctrl"键,将鼠标光标移动到变形框一侧中间的控制点上,按住鼠标进行拖曳,对其进行透视变形调整,其状态如图 7.3.19 所示。

284

(4) 按住"Ctrl"键，将鼠标光标移动到变形框四周的控制点上进行调整，状态如图 7.3.20 所示，然后按回车键，确认图形的透视变形操作。

按住"Ctrl"键向右拖拽

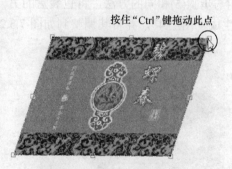

按住"Ctrl"键拖动此点

图 7.3.19　透视变形时的状态图　　　　图 7.3.20　透视变形调整状态

(5) 在"茶叶包装盒子主展图"中，单击矩形选框工具 ，选择右侧垂直参考线到右边之间的范围，复制边框到"立体效果图"中，生成"图层 3"，先对其进行缩放，按比例缩放为原来的 35%。然后对其按"Ctrl+T"添加自由变形框，进行透视变形调整，其透视调整状态分别如图 7.3.21 所示。

(6) 按回车键，确认图形的透视变形操作。选择"图像"|"调整"|"亮度/对比度"命令，弹出"亮度/对比度"对话框，将亮度选项参数设置为"-70"，降低侧面图形的亮度，效果如图 7.3.22 所示。

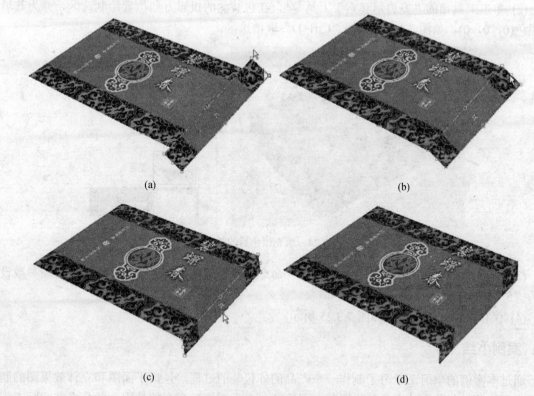

(a)　　　　　　　　　　　　　　　　(b)

(c)　　　　　　　　　　　　　　　　(d)

图 7.3.21　包装盒侧面图形透视调整状态

(a) 旋转侧面与主面的右边重合；(b) 按住"Ctrl"键将侧边两顶点对齐；

(c) 按住"Ctrl"键向右下方拖动此点进行透视制作；(d) 按住"Ctrl"键稍微调整下边两点。

操作技巧：在调整时要一次完成，变形完成后再变形，透视面会发生变化，需要多次练习才能做得更好。

(7) 用与步骤(5)相同的方法，将包装盒的另一侧面移动复制到"茶叶包装盒立体效果.psd"文件中，生成"图层4"，并将其调整到如图7.3.23所示的形态。

图7.3.22　调整"亮度/对比度"后的效果　　　图7.3.23　图形调整后的形态

(8) 按回车键，确认图形的变形操作，然后选择"图像"|"调整"|"亮度/对比度"命令，弹出"亮度/对比度"对话框，将亮度选项参数设置为"-20"，降低侧面图形的亮度。形态效果如图7.3.23所示。

3) 制作投影

(1) 新建"图层5"，将"图层5"拖动 "图层2"的下方。

(2) 单击工具箱的"多边形套索"工具 🖌，在包装盒的投影方向位置绘制选区，并为其填充黑色(0，0，0)，如图7.3.24所示，"Ctrl+D"取消选区。

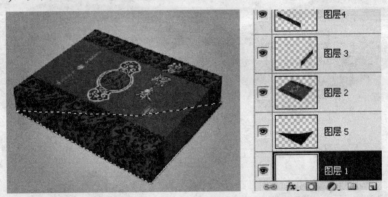

图7.3.24　填充黑色后的效果

(3) 执行"滤镜"|"模糊"|"高斯模糊"命令，弹出高斯模糊对话框，将半径选项参数设置为"5"像素，单击"确定"按钮。

(4) 保存文件。完成效果如图7.3.25所示。

三、案例小结

通过本案例的学习，学习了制作一个产品的外包装的过程，包括平面图和立体效果图的制作。在制作茶叶包装盒的立体效果图时，要注意"自由变换"命令的使用，此命令在实际工作中经常用到，希望大家能将其掌握。同时，需要大家深刻理解物体在光源的照射下所体现出来的不同明暗区域，只有这样才能设置明暗度来实现更加逼真的立体效果。

四、实训练习

利用给定的素材制作如图 7.3.26 所示的手提袋。

图 7.3.25　最终作品效果

图 7.3.26　效果图

【案例4】　图书封面设计

本案例以图书封面设计为例，讲解设计过程。主要技术有图层样式、渐变填充、选区变换、自由变换、参考线的设置、建立路径、路径描边、填充图案等。

一、案例分析

图 7.4.1 所示为效果图。

图 7.4.1　效果图

在案例的操作过程中主要注意以下几点。

(1) 在设计图像大小时，要根据图书的大小与厚度来确定图像的大小。

(2) 在设计之初，要利用参考线来设定分界线。

(3) 参考线中间的距离就是图书的厚度。

(4) 对于素材 2，取的是一个选区，而不是图像。

二、操作指南

(1) 新建文件。执行"文件"|"新建…"命令，建立宽度为"24.5cm"，高度为"16.5cm"，分辨率为"150 像素/英寸"的文件。

(2) 设计参考线。执行"窗口"|"标尺"命令，打开标尺窗口，设置单位为"cm"，拖动参考线到12cm处，再拖一条参考线到12.5cm的位置。效果如图7.4.2所示。

注意：设计单位时执行"编辑"|"首选项"|"单位与标尺"命令即可。

(3) 填充封底。选择工具箱中矩形选框工具 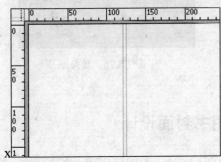，绘制矩形选框为封底。将前景色设置为天蓝色RGB(17，179，235)，背景色为白色，选择工具箱中的渐变填充工具 ，将其属性栏中选择为"径向渐变"类型，填充如图7.4.3所示的渐变效果。

(4) 填充封面。同上述方法一样，对填充，效果如图7.4.4所示。

(5) 中线建立。选择工具箱中的矩形选框工具 ，绘制矩形选框为书脊，用黑色对绘制的矩形框进行填充。效果如图7.4.5所示。

图7.4.2　标尺效果图

图7.4.3　封底填充

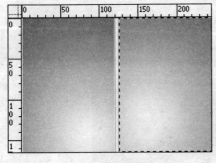

图7.4.4　封面填充

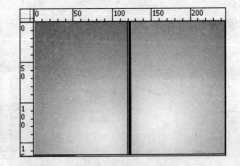

图7.4.5　中线填充

(6) 添加封底素材。打开素材2，按住"Ctrl"键不放，单击素材2，则素材2的形状被选中，选择工具箱中的选框工具，将素材2的形状移动到建立的文件中，选择工具箱中的渐变填充工具，填充类型为色谱，新建一个图层，在新建的图层上对素材2的形状进行渐变填充，再利用自由变换工具对填充的形状进行调整，效果如图7.4.6所示。

(7) 添加封面素材。对刚刚填充的素材2形状图层复制，移动形状位置，效果如图7.4.7所示。

图7.4.6　封底效果

图7.4.7　封面效果

(8) 封面加字。打开素材3,将素材3中的3个字复制到封面中,进行适当的大小与位置调整,效果如图7.4.8所示。

(9) 边框设计。选择工具箱中的矩形选框工具,围绕"七色花"3个字绘制矩形选区,切换到"路径"面板,单击"路径"面板下的将选区转换为"路径"按钮生成路径,效果如图7.4.9所示。

(10) 路径描边。选择工具箱中的画笔工具,设置好画笔,将前景色设置为天蓝色RGB(33,184,237),单击"路径"面板后面的小三角形,选择描边,删除路径,效果如图7.4.10所示。

图7.4.8 封面加字 　　　　图7.4.9 路径 　　　　图7.4.10 描边路径

(11) 添加背景素材。打开素材1,将素材1中的图像复制到封底上,调整大小与位置,效果如图7.4.11所示。

(12) 封底添加文字。选择工具箱中的文字工具,在封底适当的位置添加文字,效果如图7.4.12所示,整个封面与封底效果如图7.4.1所示。

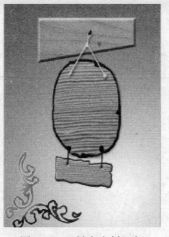 

图7.4.11 封底素材添加 　　　　图7.4.12 文字效果

三、案例小结

通过本案例的学习,学会对图书的封面进行制作。

四、实训练习

利用本案例的方法,为Photoshop CS3这门课的教材设计一个封面。

参 考 文 献

[1] 王珂，赵天巨，张国权，等．Photoshop CS2 中文版应用教程[M]．北京：电子工业出版社，2006.

[2] 刘亚利，郑庆荣，潘瑞兴．活用 Photoshop CS3 108 招[M]．北京：中国铁道出版社，2008.

[3] 范玉婵，张纪文，等．Photoshop CS3 中文版学习超级手册[M]．北京：电子工业出版社，2008.

[4] 锐艺视觉．Photoshop CS3 选区图层蒙版通道技术解读[M]．北京：中国青年出版社，2008.

[5] 徐春红．Photoshop CS3 平面设计技能进化手册[M]．北京：人民邮电出版社，2008.

[6] 李岭，张凡，韩立凡，等．Photoshop CS2 中文版基础与实例教程[M]．北京：电子工业出版社，2008.

[7] 锐艺视觉．Photoshop CS3 核心功能与物资应用[M]．北京：中国青年出版社，2008.

[8] 雷剑，盛秋．Photoshop CS3 图像特效制作实例精讲[M]．北京：人民邮电出版社，2007.

[9] 刘爱华，等．Photoshop 婚纱照片拍摄与后期处理实录[M]．北京：清华大学出版社，2007.

[10] 神龙工作室．Photoshop CS 数码照片处理与婚纱照片制作经典实例[M]．北京：人民邮电出版社，2005.

[11] 丁金滨，尹咸阳．Photoshop CS 中文版精通[M]．北京：清华大学出版社，2004.